终端区空中交通管理智能优化与辅助决策

胡来红　杨小冈　著

西安

【内容简介】 本书主要内容分为四部分共 6 章：①分析了终端区飞机行为的类型及主要特征，引入支持向量机方法，对存在随机干扰的终端区飞机行为识别问题进行了求解；②根据跑道数量以及问题规模不同，采取不同的优化策略，分别提出变异 Hopfield 神经网络方法和基于贪心策略的动态规划方法，实现了单跑道飞机进港排序优化和多跑道飞机进港排序优化；③以飞机优先序列进行编码，以离港飞机起飞延迟为适应度函数，并在传统的优化流程中加入滑动窗排序思想和无滑行冲突约束，基于分布估计算法实现了对离港排序优化问题的求解；④建立了终端区飞机进港排序辅助决策系统和离港排序辅助决策系统，并在中国民航大学空中交通管理研究基地进行了实验验证。

本书可作为空中交通管理、辅助决策、人工智能应用等相关方向的研究生和研究人员阅读、参考。

图书在版编目(CIP)数据

终端区空中交通管理智能优化与辅助决策/胡来红，杨小冈著. —西安：西北工业大学出版社，2021.3
ISBN 978 - 7 - 5612 - 7356 - 2

Ⅰ.①终… Ⅱ.①胡… ②杨… Ⅲ.①空中交通管制
-研究 Ⅳ.①V355.1

中国版本图书馆 CIP 数据核字(2021)第 047223 号

ZHONGDUANQU KONGZHONG JIAOTONG GUANLI ZHINENG YOUHUA YU FUZHU JUECE
终 端 区 空 中 交 通 管 理 智 能 优 化 与 辅 助 决 策
胡来红 杨小冈 著

责任编辑：华一瑾	策划编辑：华一瑾
责任校对：高茸茸	装帧设计：李 飞

出版发行：西北工业大学出版社
通信地址：西安市友谊西路 127 号　　　邮编：710072
电　　话：(029)88491757，88493844
网　　址：www.nwpup.com
印 刷 者：西安五星印刷有限公司
开　　本：850 mm×1 168 mm　　　1/32
印　　张：4
字　　数：111 千字
版　　次：2021 年 3 月第 1 版　　　2021 年 3 月第 1 次印刷
书　　号：ISBN 978 - 7 - 5612 - 7356 - 2
定　　价：36.00 元

如有印装问题请与出版社联系调换

前　言

　　航空运输相对其他交通运输方式而言,具有明显的快捷性优势。改革开放以来,尤其是进入 21 世纪后,随着经济的快速发展,我国航空运输业也进入了快速发展期。机场的新建、扩建工程日益增多,航空运输量也持续不断增长,航空货运、客运周转量和运力水平年年增长速度均明显高于国际平均水平,航空运输业的货运、客流周转量在全国交通运输总量中所占的比例也在不断增加。而且预测未来数十年我国航空运输业仍会保持较高速度增长。

　　与我国航空运输业高速发展伴随而来的则是近年来我国航班延误率居高不下,甚至由此引发的诸如占机、霸机、侵入隔离区、进入跑道、殴打工作人员等新闻也时常见诸报道。延误引发大量纠纷,严重影响了航空运输秩序和安全,也大大减损了航空运输服务质量。造成航班延误的因素很多,如恶劣天气、航空管制、军事活动、机械故障、旅客晚到等。从运行机制上分析,终端区运行效率低下所导致的流量拥塞问题已成为航班延误的主因之一,也是当前制约我国航空运输发展的瓶颈因素。针对终端区运行效率低下问题,本书在深入分析终端区各运行要素的基础上,将人工智能技术应用于终端区飞机行为智能识别、终端区航班进港排序优化和离港排序优化等问题,并在国内外相关研究工作的基础上,初步建立了终端区飞机进港排序辅助决策系统和离港排序辅助决策系统。

本书立足国家空中交通管理领域前沿需求，紧密结合国内外空中交通管理技术的最新发展，内容既具体深入又容易理解，推导严谨，算例详实，实验充分。本书属于空中交通管理与人工智能交叉学科方向的专著，适用于交通信息工程领域的本科生、研究生，以及空管领域的专业人士和从事现代空中交通管理相关领域研究人员阅读、参考。

写作过程中，笔者得到了清华大学孙富春教授课题组和北京航空航天大学张学军教授课题组的诸多指导，也得到了火箭军工程大学有关部门和专家的关心，感谢他们为本书编写提供的宝贵意见和相关条件。

本书第 6 章基于江北机场的空中交通管理辅助决策系统，相关背景数据借鉴北京航空航天大学电子信息工程学院张学军教授课题组成果，验证实验在中国民航大学空中交通管理研究基地完成，特此说明并致谢。

撰写本书曾参阅了相关文献、资料，在此，谨向其作者深表谢意。

本书承蒙国家自然科学基金(项目编号:61401470)资助，特此致谢。

由于笔者水平有限，书中难免有不足之处，敬请广大读者批评指正。

著　者
2020 年 8 月

目　　录

第1章 绪 论

1.1 问 题 背 景

我国快速增长的宏观经济为航空运输业提供了良好的发展机遇。2019 年我国民航全年运输总周转量 1 292.7 亿吨千米、旅客运输量 6.6 亿人次、货邮运输量 752.6 万吨,同比分别增长 7.1%、7.9%和 1.9%。与此同时,近 10 年来,我国民航航班准点率总体上不到 80%。航班延误给航空业带来了巨大的损失,原国家民航总局副局长杨国庆曾提到,每个航班空中飞行和地面等待时间平均减少 3 min,全年预计可减少虚耗时间 20 万小时,节约开支 45 亿元人民币。

当前,我国社会经济对航空运输的需求仍然旺盛,在未来 10 年里,我国商用航空运输业将继续保持快速发展的趋势,并努力实现由航空运输大国发展成为航空运输强国的战略目标。截至 2019 年底,我国运输飞机在册架数 3 818 架,且保持高速增长态势。根据中国商用飞机有限责任公司(以下简称"中国商飞公司")发布 2019—2038 年民用飞机市场预测年报,未来 20 年,预计机队年均增长率为 5.2%,旅客周转量年均增长率为 6%,到 2038 年,中国的旅客周转量将达到 4.08 万亿千米,占全球的 21%,中国机队规模将达到 10 344 架。

随着我国航空运输业的迅猛发展,可用空域资源与空中交通密度快速增长的矛盾日益突出,落后的空中交通流量管理观念、体制和技术手段也进一步加大了空中交通安全风险,空中交通流量管理问题正在制约我国民航的健康发展。同时空中交通流量的快速增长导致了交通拥塞和延误的持续增加,不仅严重威胁飞行安全,而且大量的飞行延误给我国民航和国民经济造成了巨大的经济损失。我国每年由于航班延误带来的经济损失呈直线上升,据估计,如果机场拥塞问题没有得到很好地解决,延误带来的经济损失将继续呈快速增长。

如何缓解机场拥塞问题,减小航班延误,是我国航空业发展中一个迫在眉睫的问题。其中,努力提高航空运输系统容量及其效率是解决问题的关键之一。而航空运输系统容量及其效率的发挥,很大程度上取决于空中交通管制系统的效率。空中交通管制系统主要基于通信、导航、监视以及自动化技术等,能有效地维护和促进空中交通安全,保障空中交通畅通。

现有空管系统是陆基航行系统,即以无线电地面台站为基础,沿着飞行航路部署相应的地面通信、导航、监视设施,飞机的飞行路径受到导航通信技术的约束,被纳入固定的"管道"运行,飞行员无法全面及时地掌握周围其他飞机的飞行动态,必须由地面管制人员进行对空指挥,并由此产生一整套空管运行保障服务的标准和程序。空中交通管制系统最重要的宗旨就是"保证飞行安全、维护空中交通秩序和加速空中交通活动"。同时,空管系统也是国家实施空域资源管理、维护国家空域权益的核心系统。

飞机的整个飞行过程可以分为滑行(离港)、起飞、离港、上升、巡航、下降、进近、着陆、滑行(进港)等阶段,如图 1.1 所示。其中进近和着陆滑行以及起飞离港是在终端区内完成的,它是飞机从航路飞行到进离港阶段的飞行过渡区。[①]

图 1.1 飞机飞行阶段示意图

---

① 本书中的终端区包括进近区域和机场场面。

在终端区狭小的空域内,所有飞机都要有条不紊地降落、起飞,因此,终端区始终是一个事故相对高发段,飞行员和管制员均处于高负荷工作中。从某种意义上说,终端区是飞行各阶段中情况最复杂的一个区域,是整个空管系统效率的瓶颈。因此,保证终端区飞行间隔、防止飞机相撞、缓解机场拥塞、减少航班延误、实现空域和机场需求与容量的动态平衡就成为了终端区空中交通管制的主要任务。

目前对终端区飞机的管制主要由管制员在熟悉各种类型飞机性能的基础上,根据飞机动态信息和飞行计划,依靠相关规则和个人经验实施空中交通管制。决策实时性的要求极大地限制着这种经验型交通管制行为的作用。终端区运行效率也受到管制员个体能力、经验及其管制水平差异的影响,而人本身具有的"错忘漏"特性,使得在任务繁重的情况下,甚至可能严重危及飞行安全。随着我国航空运输业的迅猛发展,目前已经拥挤的终端区将变得更加复杂,按照现有管制模式,终端区管制员将很难动态地管理越来越多的飞机,管制压力将大幅提高,造成安全隐患,同时对于终端区容量的提高形成阻力。因此,针对终端区空管系统的优化研究,引入自动化辅助决策系统,对于提高整个系统的运行效率,减少管制员工作负荷,提高终端区安全性和容量,实现空中交通管制现代化、自动化具有重要的现实意义。

1.2　空管系统发展历程

按照空管程序以及空管设备的变化,可以将空管系统的发展分为以下 5 个阶段。

(1)第一阶段(1929—1934 年):1929 年首次进行的航线仪表飞行为今后的程序管制奠定了基础。当年美国第一位空中交通管制员阿瑟·李格开始用两面小旗在圣路易斯机场指挥飞机起降。当时的飞行都是螺旋桨飞机,飞机少、航程短且飞行速度慢。空管技术主要为目视飞行规则和无线电通信。

（2）第二阶段（1934—1944 年）：主要标志为以约定规则和简单导航设施为主要特征的飞行程序以及程序管制系统的出现，而 1934 年美国 4 家航空公司自发地在纽瓦克机场组织了一个控制机场 80 km 范围的空中交通管制中心，这是世界上第一个试验性的空管部门。该阶段的飞行特点主要为飞行增多、增快且以军事飞行为主，而空管技术则是程序管制，其主要依靠管制员和飞行员的经验。

（3）第三阶段（1944—1988 年）：主要标志为雷达管制系统投入使用。1935 年英国研制出第一部雷达，最初的雷达是应用于军队，后来发现雷达不仅能预警敌机来袭，还能引导己方战机返回机场其至对准跑道，于是在第二次世界大战（以下简称"二战"）后期开始利用一次雷达引导进近，并在二战结束后迅速投入使用。1944 年《国际民用航空公约》的正式签订对空管系统乃至整个民用航空的发展都有很大的促进作用。1949 年首架喷气式民航客机——英国"彗星"号的首飞标志着民用飞机开始出现质的飞跃。该阶段的飞行特点主要为航速快、航程长、飞行多，空管技术主要特征为雷达管制系统和空中交通管制（ATC）。

（4）第四阶段（1988—2003 年）：主要标志为未来航行系统（FANS）的正式提出。国际民航组织（ICAO）基于对未来商务交通量增长和应用需求的预测，为解决现行航行系统在未来航空运输中的安全、容量和效率不足问题，1983 年提出在飞机、空间和地面设施三个环境中利用由卫星和数字信息提供的先进通信（C）、导航（N）和监视（S）技术，并于 1988 年正式制定了 FANS 的相关规则和标准。该阶段的飞行特点主要为机载设备发达和航路机场拥塞，而空管技术主要特征为基于卫星的通信、导航、监视技术开始逐渐应用于空管系统。

（5）第五阶段（2003 年—至今）：主要标志为《空中交通管理运行

概念》的正式提出。随着经济全球化步伐的加快,空中交通服务的市场化、新技术应用成本的不断降低,空管全球化的发展趋势已势不可挡,国际航空界意识到,有必要在全球范围建立一种全新的一体化、互用和无缝隙的空管运行模式。运行概念集成了空管系统的 7 项主要功能:空域组织与管理、机场运行、需求与容量平衡、空中交通同步、空域用户运行、提供空管服务方面的管理、冲突管理。其特点是,以系统安全管理为根本,以提供服务为中心,承认空中交通管理是一个环环相扣的运作过程,范围至少是从门到门(Gate-to-Gate)的全过程,同时强调高效率地利用系统范围信息管理理念支持的各类共享信息实施协同决策(CDM)。该运行概念的建立是国际航空史上一个里程碑式的飞跃,进一步推动了空中交通管理系统朝着全球一体化的方向发展,对各国空中交通管理今后 20 年的建设和发展产生了重大而深远的影响。其中,欧盟和美国分别提出的欧洲单一天空空管研究计划(SESAR)和下一代航空运输系统(NGATS)就是两个标志性的系统。

欧盟在 2004 年开始发起了"单一欧洲天空"计划,其中空管技术层面的计划,被称为 SESAR。根据这一计划,到 2020 年,在欧洲上空实现以卫星为基础的一体化通信、导航和监视,通过建立通用数据交换网络、伽利略导航卫星系统、雷达联网和广播式自动相关监视(ADS-B)系统,实现对欧洲高空空域的统一协调指挥,以最大限度地提高空域安全、容量和效率。

2005 年,美国联邦航空局(FAA)也开始规划 NGATS,这个系统的预期目标是:到 2025 年,NGATS 将能够满足目前运输量 3 倍的需要,同时还将保证在除最差气候外的各种环境中的航班飞行安全,并可极大地减少旅客的中转时间。

现行空管系统与新一代空管系统在通信、导航、监视以及管理方面的变化对比情况见表 1.1。

表 1.1　现行空管系统与新一代空管系统的对比

名　称	作　用	现行空管系统	新一代空管系统
导航	飞行安全的基础	陆基无线电定位导航	星地结合,基于性能的精密导航
通信	空地协同的手段	主要是陆基语音通信	数据链通信,一体化航空电信网络
监视	对空指挥的基础	雷达视距监视系统	多点定位,广播式自动相关监视,基于多元融合的态势感知系统
管理	有序飞行的保障	粗放式程序管制管制部门为中心的雷达管制	基于网络的空地协同精细管理

1.3　国内外研究现状

国外相关研究表明:终端区引入自动化辅助决策系统,对于提高整个系统的运行效率,减少终端区管制员工作负荷效果明显,这也是现代空管系统发展的一个重要方向。基于此,本书针对终端区辅助决策系统的部分关键技术进行了研究,包括飞机行为识别技术、进港排序优化技术以及离港排序优化技术。其中,飞机行为识别是终端区辅助决策系统的基础,为系统提供必要的航班信息和飞机状态信息等;进港排序优化算法和离港排序优化算法则是终端区辅助决策系统的两大核心算法,由它们对进港或离港飞机进行动态排序,并提供给管制员优化后的序列(辅助建议)。本节分别对相关技术以及终端区辅助决策系统的研究现状进行综述。

1.3.1　飞机行为识别研究现状

飞机行为智能识别是基于终端区运行要素和飞行规则,以及终端区飞机运行模式标准,根据飞行航迹数据和历史状态进行实时推理,智能识别飞机运行模式。

对飞机行为的识别是空管技术中一个相对较新的研究方向,飞机行为状态对飞机的具体航向有着较大的影响。只有充分考虑飞机行为因素才能对飞行航迹做出正确估计,同时由于飞机在遇到恶劣天气的情况下单纯用滤波算法或神经网络算法等难以准确地判断飞机未来的飞行动态,那么从飞机行为出发就可以推测出飞机的航向,从而可以解决部分情况下航迹预测不够准确的问题。另外,辅助系统如果能提前预测飞机行为状态,也可以根据先验知识给出更加合理的建议。

飞机行为识别方法基本上可以分为两种,第一种模式是站在飞行员操作的角度上推测飞机航向,即列出飞行员有几种操作可能,根据飞行员做各种操作所导致结果的概率不同,来分析飞行航向,属于离散的研究方法;第二种模式是站在飞行员以外的角度,即通过已知的历史信息及航迹信息等,判断飞机的可能运行状态。本书主要从空管辅助决策系统的角度,分析并判断飞机行为,因此采用第二种模式。

分析目前已有的飞机行为识别理论成果可知,飞机行为识别方法最大的不足之处在于大多对算法的实时性考虑不够。而随着空管流量不断增大,空管系统软硬件系统不断更新,实际空管系统的数据更新周期将进一步缩小,如果算法不能在一个更新周期内完成,则很难应用于实际空管调度。另外,当前大多研究对终端区航空器进离港过程中受到的约束以及干扰因素考虑不够,这也制约了相关理论研究成果的实际应用。

1.3.2　进离港排序算法研究现状

进离港排序的核心是对起飞和降落的航空器队列进行优化调度,其实质是根据终端区航空器的动态信息与目前态势和计划的差异,对起降航空器序列进行持续优化,动态优化航空器的进离港次序和起降时间,实时更新最优化排序结果,当终端区相关运行参数发生变化时,对航空器队列进行动态调度优化,平稳过渡到新的运行模式,维持正常的交通秩序与安全。

目前国内外对终端区飞机排序算法做了较为深入的研究。比如,时间提前算法、约束位置交换算法(CPS)、滑动窗循环算法、深度优先搜索的隐枚举算法等。目前很多排序算法都是在特定约束条件下基于上述方法的改进和应用。对于进港排序问题模型的研究,在理论上较离港排序成熟,相关理论研究成果也相对更多。

在进港排序算法方面,考虑到管制员的管制负担和飞行的安全性,1976 年麻省理工学院 Roger George Dear 首次提出 CPS 的概念并得到了业内的普遍认可,它是指同先到先服务的顺序相比,飞机的位置浮动不能超过某一固定值 k。Hamsa Balakrishnan 建立了基于 CPS 的网络图,以跑道吞吐量的最大化为优化目标,把飞机排序问题近似转化为一个最短路径问题,并且提出了基于此网络图的动态规划递推算法。Beasley 等人针对单跑道和多跑道飞机着陆优化问题建立了混合整数 0 - 1 模型,该模型考虑的约束条件有特定位置关系、飞机到达时间窗和跑道间的容量平衡,1989 年 NASA 的 Erzberger 博士首次对能满足于实际实时环境应用的飞机着陆调度算法进行了全面研究。他研究了着陆调度中的位置排序、时间优化等问题,提出了一系列的启发式算法,并应用于美国中央终端雷达进近管制自动系统(CTAS)中,其根据不同的交通流强度采用不同的启发式算法,以在各种情况下实现效率、实时性和管制员负荷等各方面的平衡。1992 年 NASA 的 Brinton 采用隐枚举算法,对能满足现实复杂约束的实时算法进行了研究,它兼顾了算法的高效性和实时性问题,其结果应用在 CTAS 的 TMA 模块中。Milan 把该问题归结为给一批到达的飞机(在比较接近的时间段内到达的飞行器)制定优先级,优先级的制定考虑到以下影响因素:旅客数量、乘客的延误费用以及换乘旅客的比率,一旦飞机的优先级确定以后,这些飞机就按照优先级顺序来降落。B. S. Tether 和 J. S. Metcalf 针对繁忙的

Heathrow 机场提出到达飞机动态排序法。首先,管制员必须提前得到一定数量进港飞机的具体进港时间,例如,选择 5 架飞机。然后,管制员先选中 5 架中最先到达的大型飞机,使之排在第一位,再选择下一架大型飞机,如果 5 架中没有大型飞机就选择中型飞机,如果也没有中型飞机,那就选择小型飞机,即按照大、中、小的顺序排列,同类机型的飞机当中也按照先到先服务规则排队。

随着研究的深入以及终端区的发展变化,近年来一些学者基于智能优化算法对进港调度多目标或多跑道问题进行了研究,其中大多针对多跑道单目标或单跑道多目标。对于多跑道单目标问题,通常遗传算法的一条染色体无法完整描述问题的解。一种改进的方法是采用两条染色体结构,一条表述飞机降落顺序,另外一条表示飞机降落的跑道,并对跑道染色体进行交叉操作,对飞机染色体进行变异操作。也有学者用一个矩阵作为染色体,用矩阵元素表示飞机的降落跑道及降落前后关系。另外,还有学者用蚁群算法解决多跑道问题。这些多跑道单目标算法所针对问题的飞机数量较小,一般不超过 20 架。对于单跑道多目标问题,有学者利用遗传算法进行了研究,采用两条染色体分别表示降落顺序与降落时间,也有学者用惩罚函数的方法解决延迟最小目标,还有学者先用一种算法确定飞机降落顺序,再用另一种算法确定飞机降落时间。由于多跑道多目标优化问题要同时确定飞机的降落顺序、跑道、降落时间,问题十分复杂,飞机数量较多时,解空间很大,一般的算法无法在较短时间内得到较优解,所以现在针对多目标多跑道问题的研究还较少。

在离港排序算法方面,由于机场中存在很多制约空中交通流量的因素,如跑道、滑行道和停机位,因此离港不仅仅是管制部门的运作,而是管制部门与机场、航空公司协调运行的过程,所以在实际运行中离港相比进港要更加复杂,飞机离港序列要考虑的限定因素更多,目前离港排序的理论研究成果也远不如进港排序。国内外学者主要对跑道操作和停机位分配操作进行相关研究。在这些研究中,滑行只是作为跑道和停机位的一个中间过程而没有被详细考虑。近年来,滑行过程中的不确定性对进/离港航班延误的影响日益凸显,研究重点也逐渐转移到优化机场地面滑行路径,提高机场运行效率上来。这些研究考虑了机场滑行道上的冲突。由 J. W. Smeltink 等提出的场面滑行排序模型是目前在离港排序领域具有代表性的模型,该模型将机场抽象为一个由停机位,滑行道和跑道组成的点线图,通过给定飞机滑行路径,限定飞机滑行速度在一定范围之内,确定飞机经过滑行路径上各点的最佳时间来防止滑行道上可能会发生的三种冲突,即交叉点冲突,追尾冲突和对头冲突,如图 1.2 所示,该模型的局限性体现在:①该模型假定飞机的计划离港时间是已知的,没有提出给飞机分配计划离港时间的算法;②由于该模型的滑行速度并不固定,飞机经过滑行路径上各点的时间都将作为决策变量,这样,决策变量的数目过于庞大,计算量随问题规模增加而急剧上升。

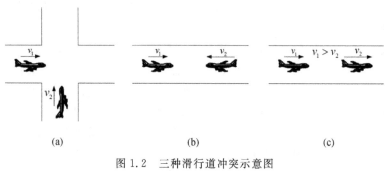

图 1.2　三种滑行道冲突示意图
(a)交叉冲突;(b)对头冲突;(c)冲尾冲突

　　总体上讲,目前相关理论研究成果应用于实际系统的公开报道较少,而导致当前大多数相关研究成果难以直接应用于实际空管调度系统的原因,主要在于相关算法针对实际应用在不同程度上都尚有不足之处,比如,考虑的因素不够全面,不能适应终端区复杂的运行环境;采用的一些算法过于复杂,运算速度不能满足终端区对实时性的较高要求等。

1.3.3　辅助决策系统研究现状

进离港排序系统作为空管自动化系统的辅助决策系统,旨在有限的空域环境下最大限度地提高空域使用效率和跑道利用率。进离港排队系统以民航空管自动化系统的数据为基础,结合航空公司和机场数据,通过科学的方法对大型机场,甚至整个终端区内的航班进行跟踪,优化进港和离港航班的次序,并向管制员提供管制建议。作为一线管制系统的辅助系统,排队系统给出的排队信息和管制建议并不作为强制性命令,只作为管制员指挥的参考,目的是提高管制效率,同时减轻管制员的压力。即使在意外条件下排队系统失效也不会造成空管自动化系统的降级或失效,管制员仍按照原有管制流程指挥。

近年来,在美国、欧盟以及澳大利亚等,不少繁忙机场和终端区都使用了航班进离港排序辅助决策系统。其中具有代表性的实际系统如下:

(1)进港排序辅助决策系统(AMAN):

1)荷兰阿姆斯特丹:ASA。

2)德国法兰克福:COMPAS、darts^{4D}- AMAN。

3)法国巴黎:MAESTRO。

4)丹麦哥本哈根:MAESTRO。

5)瑞士苏黎世:CALM。

6)瑞典斯德哥尔摩:MAESTRO。

7)澳大利亚悉尼、墨尔本、布里斯班:MAESTRO。

8)美国:CTAS。

(2)离港排序辅助决策系统(DMAN):

1)瑞士苏黎世:darts^{4D}- DMAN。

2)德国法兰克福:darts^{4D}- DMAN。

3)丹麦哥本哈根:Prelude。

以澳大利亚为例。2000 年悉尼奥运会前,悉尼安装了 MAES-

TRO 系统进港排队辅助决策系统,该系统与其使用的 Eurocat 管制自动化系统相结合,有效地降低了区域和进近管制员的工作负荷,达到了加速进入终端区流量并降低延误的目的。排队辅助决策系统不但使机场附近区域及终端区空中交通更加有序,提高了管制安全水平,而且减少了燃油消耗,为航空公司节约了大量的运行成本。鉴于悉尼机场的成功应用,2003 年澳大利亚民航局还在墨尔本和布里斯班机场建设了 MAESTRO 系统。此外,安装了 AMAN 系统后,法兰克福机场容量提高了 3.5%,每天增加 23 个额外时隙;平均进近时间减少了 1.1 min;大幅降低油耗,每月可节省 130 万美元的燃油。苏黎世机场安装 DMAN 系统后,减少了滑行时间。根据对 2004 年的数据进行统计,机场共有 270 000 个起降,减少了 4.1% 的滑行时间,节省燃油约 1 150 t;由于引进 DMAN 系统而减少的延误达到 1 740 h。在欧洲,航班进离港排序辅助决策系统还被认为是未来开展 Gate‐to‐Gate 空中交通流量管理的重要部分,此系统的发展前景十分广阔。

通过对进离港排队辅助决策系统的研究与实践,目前业内普遍认为其可以为现有终端区空中交通管理带来以下好处。

(1)提高空域利用率,增加单位小时流量,实现机场容量最大化。

(2)合理分配使用跑道,满足机场多跑道运行模式。

(3)减少地面等待延误,提高航班正点率。

(4)显著地降低管制协调量,减轻管制员的工作负荷。

(5)提高空管指挥的安全可靠性,在遇到更换跑道、复飞、以及飞机故障等特殊情况时,系统可以根据实时情况迅速提供直观的解决方案。

一般来说,AMAN/DMAN 系统的工作界面包括区域管制员(ACC)工作界面和进近管制员(APP)工作界面等,如图 1.3 和图 1.4 所示。APP 管制员的界面基本同 ACC 管制员界面类似。系统从整体考虑 ACC 管制员和 APP 管制员的交接工作,制定合理的航班进入终端区的顺序,并同当前航班速度、位置相比较,提示 ACC 管制员采取适当的措施,确保所有航班的交接尽可能地如期顺利完成,同时,该过程是持续动态进行的。

由于国外相关技术对我国采取封锁措施,而我国相关研究工作起步较晚,目前尚没有任何机场使用进离港辅助决策系统。

图 1.3　ACC 管制员工作界面

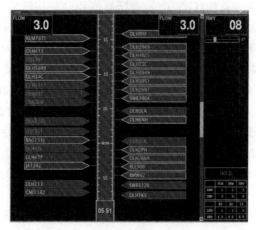

图 1.4　APP 管制员工作界面

1.4 本书主要内容结构

本书以终端区空管运行为研究对象,主要研究了终端区飞机行为智能识别、进港飞机排序实时优化和离港飞机排序实时优化等关键技术,并开展终端区飞机进港排序辅助决策系统和飞机离港排序辅助决策系统的研制,最后在相关实验平台上对辅助决策系统进行了演示验证。本书章节主要内容如下。

第1章为绪论。

第2章主要研究终端区飞机行为智能识别。针对终端区空域环境复杂,分析了终端区飞机飞行行为的4种主要类型(进港、离港、复飞和等待)及其主要特征,并引入多分类支持向量机(SVM)方法,对存在随机干扰的终端区飞机行为识别问题进行了研究。

第3章主要研究终端区单跑道进港排序实时优化。首先对单跑道进港排序优化问题进行了描述,分析了问题的约束条件及优化目标。其次将遗传算法(GA)中的变异策略和分布估计算法(EDA)中的概率估计策略引入到传统的Hopfield神经网络(HNN),提出变异Hopfield神经网络(MHNN)算法。其主要思想为:对多个HNN生成的不同极值进行变异并选择部分优秀个体进行概率估计,建立相应的概率模型并重采样,反复迭代获得最优解。再次将提出的MHNN算法在最大割问题中进行了验证,并与传统的智能优化算法进行了比较。最后将MHNN应用到单跑道进港排序优化问题。根据优化目标以及存在的约束条件等推导了问题的能量函数,并由能量函数设计了问题求解的HNN模型,从而实现了单跑道进港排序实时优化。

第4章主要研究终端区多跑道进港排序实时优化问题。针对多跑道进港排序优化问题,将贪心策略引入动态规划算法中,并对解空间进行实时优化,在基本保持动态规划算法优化效果的同时,大幅减少运算时间,从而解决了大量飞机的多跑道多目标进港排序优化问题。

第 5 章主要研究机场离港排序实时优化问题。基于带滑动窗的 EDA 实现了对离港排序优化问题的求解。算法以飞机优先序列进行编码，以离港飞机的起飞延迟为适应度函数，并在传统的优化流程中加入滑动窗的排序思想，解决了多架飞机参与排序时编码空间不足的问题。针对交叉冲突、对头冲突和追尾冲突等 3 种滑行冲突约束，引入惩罚函数，实现了无滑行冲突离港排序优化。

第 6 章主要研究了进港排序辅助决策系统和离港排序辅助决策系统。在国内外相关研究工作的基础上，初步建立了终端区飞机进港排序辅助决策系统和离港排序辅助决策系统，并在中国民航大学空中交通管理研究基地进行了实验验证。首先论述了系统所选取的实验背景并建立了相应场景模型，其次分别从系统框架、软件流程和人机界面等几个方面对进港辅助决策系统和离港辅助决策系统进行了详细介绍，最后给出了验证实验的例子及对应实验数据，并进行了分析。

第 2 章　飞机行为智能识别

2.1　概　　述

ATC 系统是一个动态复杂的以人工决策为中心的自动化系统。ATC 系统的操作员根据电脑生成的大部分信息做出决策,行为识别就是这些信息中的核心组成部分之一。飞机行为智能识别技术是根据飞行航迹数据和历史状态进行实时推理,智能识别飞机运行模式、状态甚至管制员意图信息。飞机行为识别作为现代空中交通管理系统的重要组成部分,是空管自动化的基础技术,是实现空管自动化的先决条件,也是空管辅助决策工具的基础。

本章首先对飞机行为识别问题进行了描述,然后对终端区飞机飞行行为进行了分析,设计了基于 SVM 的识别算法,并进行了仿真实验。

2.2　终端区飞机行为识别问题描述

终端区飞机行为识别是基于终端区运行要素和飞行规则,分析终端区飞机运行模式标准,根据动态飞行航迹数据和历史状态进行实时推理,智能识别飞机运行模式,如正常降落、正常起飞、复飞等情况,如图 2.1 所示。只有正确识别进入终端区的飞机及其行为,才能够进行下一步的调度排序,所以对飞机行为实时准确的识别是提高辅助决策系统实用性的先决条件。

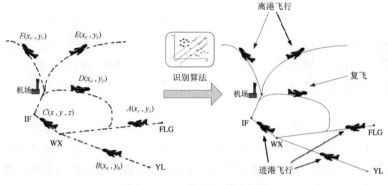

图 2.1　飞机行为识别示意图

2.3　终端区飞机行为特征分析

典型的终端区结构一般包括等待区、进出口走廊口(分为入口和出口)、进场航线、起始进近航线、中间进近航线、最后进近航线、复飞航线、标准离场航线、塔台管制区以及机场内跑道等部分。在不考虑从终端区上空经过飞机的情况下,根据飞行状态,可以将终端区飞机分为正常起飞、正常离港、复飞以及盘旋等待等 4 种飞行行为,如图2.2 所示。其中,为方便表示,将盘旋放在入口处。

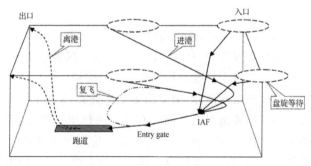

图 2.2　终端区飞机行为示意图

下述主要对各飞行状态进行简要介绍：

(1)正常降落。仪表着陆系统(ILS)是目前最广泛使用的飞机精密进近指引系统。它的作用是以无线电信号建立一条由跑道指向空中的狭窄"隧道"，飞机通过机载 ILS 接收设备，确定自身与"隧道"的相对位置，只要飞机保持在"隧道"中央飞行，就可沿正确方向飞近跑道、平稳地下降高度，最终飞进跑道并着陆。

(2)正常起飞。飞机起飞时一般分为加速和爬升两个阶段。当飞机爬升到 25 m 高的时候，便是起飞的结束。25 m 的高度是人为规定的，是为了避开机场附近的一般建筑物，以保证飞机的安全。螺旋桨飞机的起飞则可以分为起飞滑跑、平飞加速和爬升 3 个阶段。

(3)复飞。复飞又称重飞(Go Around)，指的是飞机降落到即将触地着陆前，将机首拉起重新起飞的动作。而飞机有触地再复飞者称为"触地复飞"，通常是训练飞行及特技飞行所使用。飞机在着陆前有一个决断高度，在飞机下降到这一高度时，仍不具备着陆条件时，就应加大油门复飞，然后再次进行着陆，这一过程同起飞、着陆的全过程是一样的，一般经过一转弯、二转弯、三转弯和四转弯，然后对准跑道延长线再次着陆。如果着陆条件仍不具备，则可能再次复飞或飞到备用机场降落。复飞是正常着陆的备份，是保证飞行安全的重要措施。稳定进近，虽说可以大大减少因为操作偏差导致的不安全事件，但许多情况下，碍于外界条件不满足着陆最低需求而不得不复飞。

(4)盘旋等待。等待航迹指飞机待降时在等待空域的飞行航线，通常是机场高空长方形的一片区域，飞机在这一区域中往返飞行，等待机场的允许降落指令。盘旋等待通常用来缓解由于各种原因导致飞机不能够着陆的交通压力，例如机场过于繁忙、天气不允许着陆或者跑道暂时不可用等情况。当同时有几架飞机执行等待航线时，不同飞机的垂直间距为 300 m 以上。等待航迹在仪表飞行中通常是一个经过等待点的跑马场型航线。这个等待点可以是无线电导航设备，例如无指向性无线电信标(NDB)或者甚高频全向无线电信标

(VOR)。等待点也是进入等待航线的起始转弯点。飞机将向等待点飞行,之后进入等待航线,之后进入预先制定好的等待航线。一个标准的等待航线通常是一个右转的,耗时大约 4 min 的跑马场型航线(两次 180°转弯各耗时 1 min,两个直线部分各占用 1 min)。当等待时间很长时,也可能偏离此规则;直线部分也可以耗时 2~3 min,或者当飞机使用测距仪(DME)进行等待航线时,等待航线也可以用距离取代时间来表示。此外,左转在一些有限制的空域中也有所使用。

2.4　支持向量机

支持向量机(SVM)是 1995 年 Vapnik 在统计学习理论的基础上发展出的一种新的模式识别方法,它以训练误差作为优化问题的约束条件,以置信范围值最小化作为优化目标,用结构风险最小化原则代替了传统机器学习方法中的经验风险最小化原则,在解决小样本、非线性及高维模式识别问题中表现出许多特有的优势,并迅速成为模式识别、数据挖掘等领域的研究热点。

SVM 的基本思想可概括为:寻找一个最优分类超平面,使得训练样本中的两类样本点能被无错误的分开,并且要使两类样本点的分类间隔最大;而对非线性可分问题,通过核函数将低维输入空间的数据映射到高维空间,从而将原低维空间的线性不可分问题转化为高维空间上的线性可分问题,然后在这个新空间中求取最优分类面。

根据问题的性质,一般将 SVM 分为线性可分、线性不可分和非线性可分 3 种情况。

(1)线性可分情况。对于线性可分的情况,也就是说存在一个超平面使得样本能够做到完全分开,这个超平面可以描述为

$$\omega x + b = 0 \qquad (2.1)$$

式中,ω 是 n 维向量;b 为偏移量。要求解其最优超平面,可以通过求解下面二次优化问题来得到,即

$$\min\Phi(\omega)=\frac{1}{2}\parallel\omega\parallel^{2} \tag{2.2}$$

$$y_i(\omega x_i+b)\geqslant 1,\ i=1,2,3,\cdots,n$$

SVM 二维线性可分情况示例如图 2.3 所示。

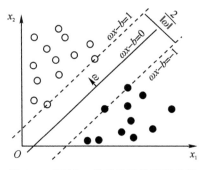

图 2.3 SVM 二维线性可分情况示例

(2)线性不可分的情况。线性不可分又称为近似线性可分,即给定样本中存在少数样本点线性不可分。因为 QP(二次规划)对线性不可分情况不那么灵活,所以约束条件就必须为松弛的。理想情况下,我们希望所有点都能被正确分类而没有例外。这就需要我们在最大化分类间隔与最小化错分率之间能做一个比较合理的折衷,于是就需要给每一个约束条件,都加入一个松弛因子并且引入了惩罚参数 C,则有

$$\min\Phi(\omega)=\frac{1}{2}\parallel\omega\parallel^{2}+C\sum_{n}^{1}\xi_i \tag{2.3}$$

$$y_i(\omega x_i-b)+\xi_i\geqslant 1$$

$$\xi_i>0,\ i=1,2,3,\cdots,n$$

SVM 二维线性不可分情况示例如图 2.4 所示。

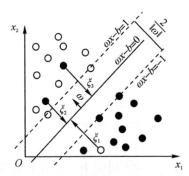

图 2.4 SVM 非线性可分情况示例

（3）非线性可分情况 非线性可分情况是相对线性可分和线性不可分情况而言的，就是难以直接找到一个超平面将所给样本中的绝大部分样本点线性分开。对于非线性可分情况，可以把样本映射到一高维特征空间 H，并且在此空间中运用内积运算，将非线性问题转换为相应的另一空间的线性问题，以此来获得一个样本的归属。根据泛函的相关理论可知，只要采用一个合适的内积函数，就可以实现此类线性不可分的分类问题。此时的目标函数为

$$\max W(\alpha) = \sum_{i=1}^{n} \alpha_i - \frac{1}{2} \sum_{i,j=1}^{n} \alpha_i \alpha_j y_i y_j K(x_i, x_j) \quad (2.4)$$

$$\sum_{i=1}^{n} y_i \alpha_i = 0$$

$$C \geqslant \alpha_i \geqslant 0, \ i = 1, 2, \cdots, m$$

SVM 二维非线性可分情况示例如图 2.5 所示。

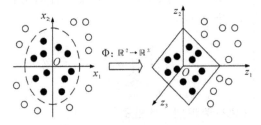

图 2.5 SVM 二维非线性可分情况示例

用不同的核函数可以构造实现输入空间中不同类型的非线性决策面的学习机,从而导致不同的 SVM 算法。目前常用的核函数有以下几种。

(1)线性核函数:$k(x_i, x_j) = (x_i \cdot x_j) = x_i^{\mathrm{T}} x_j$。

(2)多项式核函数:$k(x_i, x_j) = (1 + x_i^{\mathrm{T}} x_j)^P$。

(3)径向基核函数:$k(x_i, x_j) = \exp(-\gamma \mid x_i - x_j \mid^2)$。

(4)Sigmiod 核函数:$k(x_i, x_j) = \tanh(\beta_1 x_i^{\mathrm{T}} x_j + \beta_2)$。

相比传统的学习方法,SVM 具有下述特有的优势。

(1)SVM 的最终决策函数只由少数的支持向量所确定,计算的时间复杂度和空间复杂度取决于支持向量的数目,而不是样本空间的维数,而支持向量的数目相对样本空间具有稀疏性,从而有效降低了计算复杂性。

(2)少数支持向量决定了最终结果,这不但有利于抓住关键样本、"剔除"大量冗余样本,而且算法简单易实现,并具有一定的"鲁棒性"。

(3)引入最大间隔的思想,使 SVM 具有更好的泛化能力,有助于解决过度拟合问题,其推广能力明显优于一些传统的学习方法。

(4)由于 SVM 的求解最后转化成二次规划问题的求解,因此 SVM 的解是全局唯一的最优解,即算法存在唯一解,并且可以找到全局最优。

(5)核函数的引入,使得 SVM 在解决非线性问题的同时有效避免了高维空间的"维度灾难"。

2.5　飞机行为识别算法设计

2.5.1　飞机行为识别总体框图

飞机行为识别算法框图如图 2.6 所示。从图 2.6 中可以看出,SVM 的输入为预测航迹,航班历史数据和航班飞行计划等,而输出则是进港、离港、复飞以及盘旋等飞行状态,约束主要考虑了终端区飞行规则和终端区风干扰。

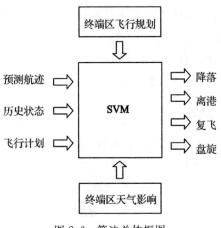

图 2.6　算法总体框图

2.5.2　特征选取

对于许多有监督学习问题,特征选取的合理与否对分类器的性能有重要的影响,如果选取的特征为非关键特征或者包含多余特征,都将影响分类器的识别精度、计算效率以及收敛速度。

根据上述飞机行为特征分析可知,不同飞行行为对应空域位置以及速度特征具有明显差异,具体来讲,各飞行行为主要有以下特征。

(1)降落航迹。降落航迹是终端区占据最多区域,同时也是航线数量最多的航迹,其高度和速度总体上随时间逐渐下降。

(2)离港航迹。相比降落航迹,离港航迹分布范围较小,位于终端区的特定位置,其高度和速度总体上随时间逐渐上升。

(3)复飞航迹。复飞航迹分布范围也较小,并位于终端区的特定位置,其高度和速度总体上随时间逐渐上升。

(4)等待航迹。等待航迹分布范围也较小,并位于终端区特定位置,其高度和速度总体上随时间变化较小。

由于风干扰对飞机速度变化具有较大的影响,而短期风干扰对飞机的位置影响一般不明显,所以实验中选取了航班的三维坐标为主要识别特征,即航班前一段时间的历史位置信息、当前位置信息以及未来一段时间的预测位置信息。

2.5.3 算法步骤

由于终端区飞行行为不止两种,所以要构造多类分类器。而SVM 本质上是两类分类器,即它只回答属于正类还是负类的问题。而现实中要解决的往往是多分类问题,如文本分类、数字识别等。解决多分类问题最直接的是一次性考虑所有样本,并求解一个多目标函数的优化问题,一次性得到多个分类面。这样多个超平面把空间划分为多个区域,每个区域对应一个类别,即可完成样本的多分类。但这样计算量太大,实际应用较困难。所以如何由两类分类器构造得到多类分类器,一直是 SVM 研究的一个热点。目前较为常用的SVM 多类分类器构造方法有以下几种:

(1)一对多方法(one - against - rest)。训练时依次把某个类别的样本归为一类,即正样本,其他剩余的样本归为另一类,即负样本,这样 k 个类别的样本就构造出了 k 个 SVM,每一个 SVM 分别将某一分类的数据从其他分类的数据中识别出来。该方法所需构造的分类器较少,只与样本类别相关,但缺点是每次训练都要考虑所有样本,当样本规模较大时,计算复杂度会迅速上升,导致训练速度较慢。

(2)一对一方法(one - against - one)。其做法是在任意两类样本之间设计一个 SVM,因此 k 个类别的样本就需要设计 $k(k-1)/2$ 个 SVM。当对一个未知样本进行分类时,常用投票法,最后得票最多(Max Wins)的类别即为该未知样本的类别。该方法特点与一对多方法相反,每次训练所需考虑的样本数较少,缺点则是所需分类器数量随样本类别增加而迅速增加,导致在决策时速度较慢。

(3)SVM 决策树(SVM Decision Tree)。将 SVM 和二叉决策树结合起来,构成多类分类器。首先将所有 k 个类别分成两个子类,再将子类进一步划分成两个次级子类,如此循环,直到划分出最终类别。这样得到一个倒立的决策树,每个决策点用 SVM 实现分类。该方法所需构造的分类器较少,对 k 类问题只需构造 k−1 个分类器,但存在误差累识现象,即如果在某个节点上分类错误,则会把分类错误延续到该节点的后续节点上。

因为同一时刻终端区上空的飞机数量相对有限,且对算法的决策实时性要求较高,依据上述多类分类器构造方法的特点,本书采用一对多方法构建 SVM 多类分类器。飞机行为识别算法具体流程如下。

1)选择一种飞行行为作为一类,其他的飞行行为作为另一类。

2)将相应飞机位置信息及行为类型数据转化为 SVM 所需的数据格式。

3)对数据进行适当的缩放。

4)利用交叉验证寻找 SVM 最佳参数。

5)基于 4)寻找的最佳参数对整个训练数据集进行训练。

6)对训练好的 SVM 进行测试。

7)重复 1)～6),直到所有类型的飞机行为都完成测试。

2.6　飞机行为识别仿真实验

图 2.7 是模拟终端区的顶视图,其中,降落航迹有 10 条(每一条线段为一条航迹),离港航迹有 5 条,离港复飞航迹有 1 条,等待航迹有 6 条。以跑道中心为坐标原点建立东-北-天坐标系。

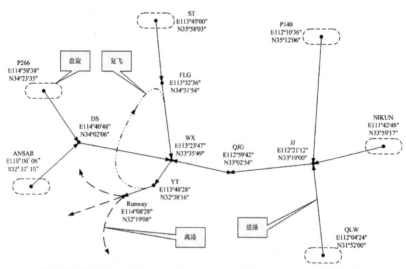

图2.1 模拟终端区航迹图

根据模拟终端区航迹以及飞机运动模型生成 4 组特征数据,每组数据包含 1200 个采样点(每个采样点代表飞机一小段航迹)。天气干扰使飞机加速度最高发生 30% 的随机偏差。

仿真实验中每次选择一种飞行行为作为一类,其他行为作为另一类进行识别,同时将所有数据分成四等份进行交叉验证,RBF 参数分别为 $\gamma = 5 \times 10^{-4}, 1 \times 10^{-4}, 5 \times 10^{-5}$。实验结果见表 2.1,表 2.2,表 2.3 和表 2.4。

表 2.1　进港航迹识别结果

序　号	γ	识别率/(%)	支持向量个数	迭代次数
	5×10^{-4}	65.000 0	1 417	5 458
1	1×10^{-4}	81.250 0	998	8 295
	5×10^{-5}	87.000 0	817	11 001

续　表

序　号	γ	识别率/(%)	支持向量个数	迭代次数
2	5×10^{-4}	64.416 7	1 388	5 366
	1×10^{-4}	78.416 7	956	8 129
	5×10^{-5}	83.916 7	766	11 013
3	5×10^{-4}	65.166 7	1 394	5 329
	1×10^{-4}	77.083 3	929	8 204
	5×10^{-5}	82.833 3	754	11 008
4	5×10^{-4}	66.166 7	1 405	5 151
	1×10^{-4}	80.250 0	973	8 013
	5×10^{-5}	85.833 3	778	10820

表 2.2　离港航迹识别结果

序　号	γ	识别率/(%)	支持向量个数	迭代次数
1	5×10^{-4}	68.500 0	1 266	6 074
	1×10^{-4}	86.250 0	777	9 526
	5×10^{-5}	92.750 0	547	12 254
2	5×10^{-4}	70.583 3	1 278	5 965
	1×10^{-4}	85.666 7	707	9 491
	5×10^{-5}	92.250 0	515	11 681
3	5×10^{-4}	68.000 0	1 253	6 134
	1×10^{-4}	84.583 3	758	9 450
	5×10^{-5}	91.250 0	545	11 987
4	5×10^{-4}	71.083 3	1 294	5 904
	1×10^{-4}	87.916 7	778	9 248
	5×10^{-5}	93.250 0	527	11 607

表 2.3 复飞航迹识别结果

序 号	γ	识别率/(%)	支持向量个数	迭代次数
	5×10^{-4}	61.833 3	1 467	5 479
1	1e—4	81.166 7	801	7 853
	5×10^{-5}	85.083 3	642	10 430
	5×10^{-4}	62.333 3	1457	5 375
2	1×10^{-4}	78.500 0	772	7 906
	5×10^{-5}	82.833 3	610	10 556
	5×10^{-4}	63.000 0	1470	5 327
3	1×10^{-4}	77.000 0	810	7 810
	5×10^{-5}	82.583 3	625	10 491
	5×10^{-4}	63.333 3	1476	5 319
4	1×10^{-4}	79.916 7	821	7 630
	5×10^{-5}	85.0833	646	10 237

表 2.4 等待航迹识别结果

序 号	γ	识别率/(%)	支持向量个数	迭代次数
	5×10^{-4}	63.833 3	1 412	5 527
1	1×10^{-4}	76.833 3	1 035	7 641
	5×10^{-5}	82.666 7	818	9 998
	5×10^{-4}	65.666 7	1 425	5 732
2	1×10^{-4}	76.916 7	1011	7 458
	5×10^{-5}	82.333 3	794	9 597

续　表

序　号	γ	识别率/(%)	支持向量个数	迭代次数
3	5×10^{-4}	64.333 3	1 424	5 647
	1×10^{-4}	77.166 7	1 038	7 574
	5×10^{-5}	83.500 0	818	10 235
4	5×10^{-4}	64.333 3	1 421	5 620
	1×10^{-4}	78.333 3	1 047	7 404
	5×10^{-5}	84.833 3	838	9 950

从表 2.1，表 2.2，表 2.3 和表 2.4 中可以看出，随着 γ 减小，识别率有明显提高，当 $\gamma=5\times10^{-5}$ 时，所有实验结果中识别率都超过了 80%。同时，随着 γ 减小，迭代次数也有所提高，也就是计算时间有所增加。此外，在四组实验中，离港的识别率要略高于其他三组，其主要原因在于，所设计实验场景中离港航迹与其他三组航迹没有交叉或重合，故其位置信息特征明显，有利于 SVM 进行识别。

2.7　本章小结

本章对终端区飞机行为智能识别进行了研究。分析了终端区飞机 4 种飞行行为（进港、离港、复飞和等待）的主要特征，基于飞机位置信息，引入多分类 SVM 方法对问题进行了求解。结果表明，在天气干扰较大情况下，SVM 依然能取得较好的识别结果，如果适当增加有效特征，对算法参数进行深入优化，识别率还可进一步提高。另外，根据飞行意图模式，飞行行为可进一步细分，如冲突避让，恶劣天气避让，绕飞，等角速转弯，高度保持，减速下降等，对这些飞行行为的有效识别，能有助于辅助决策系统更好地理解空管人员的意图，从而避免系统对同一架飞机频繁地更改其所在序列位置。

第 3 章　基于 Hopfield 神经网络单跑道进港排序优化

3.1　概　　述

进港排序系统不断对比计划和实际交通状况,监视并管理航班进近过程。系统预测准确的进近时间,优化跑道使用。管制员可以对进近区域内的航班进行管制操作,调整航班间隔。进近管制员通过雷达屏幕监控每一架进近状态的航班,通过分配航向、速度、高度引导航班飞行,使进近和着陆的航班不产生冲突。进港排序系统对所有进港航班进行优化排队,缩小航班的间隔,管制员可以根据ICAO 的标准设定间隔值和修改本场程序。进港排序系统确保航班的移交更加准确,减少延误,增加空域容量,同时缩小排队间隔。

本章基于变异 Hopfield 神经网络（MHNN）对单跑道进港排序优化问题进行了求解,结构安排为:第 3.2 节对单跑道进港排序优化问题进行了描述,给出了问题的约束条件及优化目标;第 3.3节提出 MHNN 算法,详细介绍了算法原理及流程,并基于最大割问题的求解与传统智能优化算法进行了对比实验;第 3.4 节基于MHNN 对单跑道进港排序优化问题进行了求解,设计了问题的编码方式,推导了能量函数,给出了不可行解的处理策略;第 3.5 节为仿真实验及分析。

3.2　问题描述

考虑机场较繁忙时的情况,即到达终端区的飞机密度较大。设

在 ΔT 时间内有 n 架飞机以不同的预计降落时间(ETA)等待降落。由于不同的前后飞机类型对应的降落最小安全时间间隔不同,所以不同的降落飞机队列对应的降落完成时间会有所不同。飞机进港优化排序即要求在满足降落最小安全时间间隔限制及位置偏移不能太大的基础上,安排飞机队列的降落次序,给出每架飞机的计划降落时间(STA),使得降落飞机队列完成时间最小,并减少总的飞机延误。假设第一架飞机按 ETA 降落,飞机进港优化排序示意图如图 3.1所示,其中不同的形状代表不同类型的飞机。

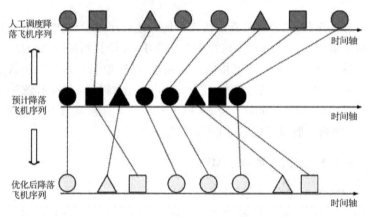

图 3.1　飞机进港优化排序示意图

3.2.1　最小尾流间隔

在同一条跑道上降落的前后两架飞机必须满足一定的安全时间间隔要求(一般由前、后飞机类型决定)。在相关资料中比较常用的标准有美国联邦航空管理局(FAA)与国际民航组织(ICAO)的间隔数据。不同的间隔数据对算法性能没有本质影响,本书采用国际民航组织(ICAO)无风条件下不同类型的飞机之间最小尾流间隔距离标准,见表 3.1。表中,H 表示飞机类型为重型,L 表示飞机类型为大型,S 表示飞机类型为小型。

表 3.1　最小尾流间隔标准

最小时间间隔/s		后机		
		Heavy（H）	Large（L）	Small（S）
前机	Heavy（H）	94	157	196
	Large（L）	60	69	131
	Small（S）	60	69	82

3.2.2　FCFS 序列

先到先服务（FCFS）算法按飞机的到达顺序，以当前时刻最优情况给飞机分配降落时间。该算法操作简单，加给管制员的负担低，也是目前实际中人工管制使用的主要调度方法，但当终端区飞机数量较多时，FCFS 算法的效率将很低。由于进港排序问题没有统一的模型，也没有 Benchmark 问题，FCFS 算法一直被用作比较基准。FCFS 序列一般以飞机的 ETA 为排序基准。

3.2.3　最大位置偏移 MPS

CPS 的思想是，优化后序列的每一架飞机的位置与原来序列（FCFS 序列）中的位置不能超过最大偏移量（MPS）。这种思想保证了飞机降落排序过程中一定的公平性，现有研究中很多文献也使用了这种限制。k - CPS 表示 MPS 值取 k，即优化后序列中某架飞机的位置与 FCFS 序列中位置的最大变化值不超过 k。记 FCFS 序列为 $1,2,\cdots,n$，优化后的序列为 $A_1,A_2,\cdots,A_n$，则有

$$|A_i - i| \leqslant k, \forall i \in (1,2,\cdots,n) \tag{3.1}$$

3.2.4　优化目标

在对终端区飞机队列进行排序时，可以根据不同的情况采用不同的目标，例如，终端区交通流量不是很大的时候，目标函数可以采用总的延误最小，在终端区交通流量比较大的时候，为了提高空域的

使用率,目标函数可以采用飞机队列总的降落时间最小。本章优化目标设定为总的降落时间最小,即

$$f = \min(\mathrm{STA}_{An} - \mathrm{STA}_{A1}) \tag{3.2}$$

式中,STA_{An} 为优化后飞机序列中最后一架飞机的计划降落时间,STA_{A1} 为优化后飞机序列中第一架飞机的计划降落时间。

3.3　变异 Hopfield 神经网络

3.3.1　Hopfield 神经网络

HNN 及其学习算法由 J. J. Hopfield 于 20 世纪 80 年代初期提出,其重要贡献之一就是解决了互联全反馈神经网络作为非线性动力系统稳定性的理论问题,这对神经网络的研究有重大意义,它使神经网络运行稳定性的判定有了可靠的依据。同时 J. J. Hopfield 还应用 Hopfield 网络成功地求解了优化组合问题中非常有代表性的旅行商问题(TSP),开创了神经网络用于智能信息处理的新途径,极大地推动了神经网络的发展。

HNN 是一种反馈型神经网络,它所有的神经元之间相互连接,具有丰富的动力学特性,如图 3.2 所示为离散 HNN 的结构示意图。

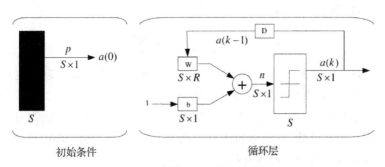

图 3.2　离散 HNN 结构示意图

设离散 HNN 神经网络的连接权矩阵为 $\boldsymbol{W}=(\omega_{ij})_{n\times n}$，阈值向量 $\boldsymbol{b}=(b_1,\cdots,b_n)^{\mathrm{T}}$，神经元 i 在 k 时刻的输入为 $u_i(k)$，输出为 $\upsilon_i(k)$，则有

$$u_i(k)=\sum_{j=1,j\neq i}^{n}\omega_{ij}\upsilon_j(k)+b_i \tag{3.3}$$

$$\upsilon_i(k+1)=f(u_i(k)) \tag{3.4}$$

激励函数 $f(\cdot)$ 常取符号函数 $\mathrm{sgn}(k)$，即

$$\upsilon_i(k+1)=\begin{cases}1, & \sum_{j=1,j\neq i}^{n}\omega_{ij}\upsilon_j(k)+b_i\geqslant 0\\ -1, & \sum_{j=1,j\neq i}^{n}\omega_{ij}\upsilon_j(k)+b_i<0\end{cases} \tag{3.5}$$

Hopfield 神经网络按动力学方式运行，其工作过程为状态的演化过程，即从初始状态按能量函数（Lyapunov 函数）减小的方向进行演化，直到达到稳定状态。

定义 3.1：若存在某一有限时刻 t，从 t 以后的 Hopfield 网络状态不再发生变化，即满足

$$\upsilon(t+\Delta t)=\upsilon(t),\Delta t>0 \tag{3.6}$$

则称该 Hopfield 网络是稳定的，处于稳定时的网络状态叫稳定状态，也称为"吸引子"。

HNN 的能量函数一般可表示为

$$E=\frac{1}{2}\sum_{n}\sum_{n}\omega_{ij}\upsilon_i\upsilon_j+\sum_{i=1}^{n}b_i\upsilon_i \tag{3.7}$$

Hopfield 能量函数的物理意义是：在神经网络系统渐近稳定点的吸引域内，离吸引点越远的状态，所具有的能量越大，由于在状态演变过程中，能量函数是单调下降的，这样，保证状态的运动方向能从远离吸引点处，不断地趋于吸引点，直至到达吸引点，此时能量函数取得极小值而不再改变（即 $\Delta E=0$）。

HNN 达到稳定状态时可使系统的能量函数极小，因而可用于许多最优化问题的求解。但如何把实际问题的目标函数表达成

HNN 所对应的二次型能量函数往往是问题求解的一个难点和关键。

Hopfield 神经网络的工作方式主要有以下两种形式。

(1)异步工作方式。在任一时刻 t,只有某一神经元 i 改变状态,而其他神经元的状态不改变。

(2)同步工作方式。在任一时刻 t,部分或全部神经元同时改变状态。

定理 3.1:对于离散 Hopfifield 神经网络,若按异步方式调整状态,且连接权矩阵为对称阵,对角线元素 $\omega_{ii}=0$,则对于任意初态,系统必然会趋于稳定状态

证明:当网络工作在异步方式时,设在 t 时刻只有第 i 个神经元调整状态,则

$$\Delta v_i = v_i(t+1) - v_i(t) \tag{3.8}$$

若

$$v_i(k+1) = \begin{cases} 1, & \sum_{j=1,j\neq i}^{n} \omega_{ij}v_j(k) + b_i > 0 \\ -1, & \sum_{j=1,j\neq i}^{n} \omega_{ij}v_j(k) + b_i < 0 \end{cases} \tag{3.9}$$

故

$$\Delta v_i = \begin{cases} 2, & v_i(t+1)=1, v_i(t)=-1 \\ 0, & v_i(t+1)=v_i(t) \\ -2, & v_i(t+1)=-1, v_i(t)=1 \end{cases} \tag{3.10}$$

则由能量函数表达式(3.7)有

$$\Delta E = -\frac{1}{2}\sum_{j=1}^{N} \omega_{ij}v_j \Delta v_i - \frac{1}{2}\sum_{j=1}^{N} \omega_{ji}v_j \Delta v_i - b_i \Delta v_i \tag{3.11}$$

又 $\omega_{ij}=\omega_{ji}$,$\omega_{ii}=0$,则

$$\Delta E = -\left(\sum_{j=1}^{N} \omega_{ji}v_j + b_i\right)\Delta v_i \tag{3.12}$$

而 $v_i(t+1) = \text{sgn}(\sum_{j=1}^{N}\omega_{ji}v_j(t)+b_i)$,且 $\Delta v_i = v_i(t+1)-v_i(t)$,可得

1)当 $\sum_{j=1}^{N}\omega_{ji}v_j+b_i \geqslant 0$ 时,$\Delta v_i \geqslant 0$,故 $\Delta E \leqslant 0$。

2)当 $\sum_{j=1}^{N}\omega_{ji}v_j+b_i < 0$ 时,$\Delta v_i \geqslant 0$,故 $\Delta E \leqslant 0$。

即无论什么条件下都有 $\Delta E \leqslant 0$。又 v_i,v_j 只可能取 $+1$ 或 -1,而 ω_{ji} 和 b_i 均有界,则有

$$|E| \leqslant \frac{1}{2}\sum_{i=1}^{n}\sum_{j=1}^{n}|\omega_{ij}||v_i||v_j|+\sum_{i=1}^{n}|b_i||v_i| = \frac{1}{2}\sum_{i=1,j=1}^{n}|\omega_{ij}|+\sum_{i=1}^{n}|b_i|$$

$$(3.13)$$

即能量函数有界。又 $\Delta E \leqslant 0$,故存在 t_0,当 $t > t_0$ 时,有

$$v(t+1) = v(t),\Delta t > 0$$

证毕。

当前,HNN 广泛地应用于优化计算和联想记忆等领域,并取得了不错的效果。但是这种网络也还存在容易陷入局部极小点等问题,尤其是当 Hopfield 网络规模扩大和能量函数的复杂度增加时,其神经元的状态陷落在局部最优点的概率也大为增加。

3.3.2 变异 Hopfield 神经网络算法流程

对于 HNN 这种非线性系统来说,不同的初始值可能达到不同的稳定点。但当系统达到稳定点后,如果不采取额外的措施,HNN 将无法跳出稳定点去寻找更好的解,即系统陷入了局部极值点。

为解决 HNN 易陷入局部极值的问题,有学者将 Hopfield 网络与遗传算法相结合,利用遗传算法的全局搜索能力来提高 Hopfield 网络全局收敛率。但遗传算法只是针对个体进化,且存在交叉操作,导致计算效率较低从而使其应用具有一定局限。

本书借鉴 GA 的变异策略以及 EDA 的概率估计策略,提出了

MHNN。其主要过程为将随机生成的多个不同初始种群分别代入 HNN 进行迭代计算,当 HNN 达到稳定状态后,首先对 HNN 的输出施加变异操作,主要方法为对 HNN 的输出向量中的一个或多个元素以一定概率取为相反数,从而使 HNN 能再次进行迭代计算,并最终得到多个局部极值(迭代过程中记录的最优值)。然后对得到的多个局部极值进行比较择优,并基于较优的个体进行概率估计,建立相应的概率模型,再利用概率模型重采样,生成多个新的神经网络状态,并以新的神经网络状态为初始状态,再利用 Hopfield 网络进行计算。其中变异操作可以增加每个 HNN 找到更优局部极值的概率而概率,估计操作则是通过分析较优解的结构形式,增加找到全局最优值的概率。MHNN 算法框图如图 3.3 所示

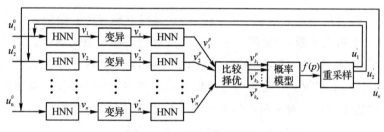

图 3.3　MHNN算法框图

MHNN 的具体算法流程如下:

(1)根据待求解问题的特征及其能量函数形式对 HNN 的连接权矩阵 W 进行赋值。

(2)随机生成 n 个初始状态 $(u_1^0, u_2^0, \cdots, u_n^0) \in U^0$,并分别对 HNN 进行初始化。

(3)对 HNN 分别进行迭代计算,直到收敛,得到 n 个 HNN 的输出值 $(v_1, v_2, \cdots, v_n) \in V$。

(4)依概率 p 对 HNN 的输出 V 进行变异,得到新的输出 $(v_1^*, v_2^*, \cdots, v_n^*) \in V^*$,然后继续对 HNN 进行迭代计算,直到收敛,并记录迭代过程中的最优值,从而得到 n 个局部最优值 $(v_1^p, v_2^p, \cdots,$

$v_n^p) \in V^p$，及其对应输入状态 $(u_1^p, u_2^p, \cdots, u_n^p) \in U^p$。

（5）从 n 个局部最优值 V^p 中选择部分较优的个体 $(v_{k1}^p, v_{k2}^p, \cdots, v_{km}^p) \in V_m^p (m < n)$，其对应输入状态为 $(u_{k1}^p, u_{k2}^p, \cdots, u_{km}^p) \in U_m^p$，对 U_m^p 的结构形式进行概率估计，并建立概率模型 $f(p)$。

（6）根据所建立概率模型 $f(p)$ 进行重采样，得到 n 个新的 HNN 输入状态 $(u_1', u_2', \cdots, u_n') \in U'$，并分别对 HNN 重新进行初始化。

（7）重复（3）（4）（5）（6），直到满足算法结束条件。

3.3.3　变异 Hopfield 神经网络在最大割问题中的应用

1. 最大割问题

最大割问题（Max－cut Problem）是指对给定的有向加权图求取一个最大分割，使横跨两个割集的所有边上的权值之和最大。即给定无向图 $G = (V, E, W)$，其中 $V = \{V_1, V_2, \cdots, V_n\}$ 是最大顶点的集合，$E \subseteq V \times V$ 是它的边的集合。$\omega_{i,j} \in W$ 为连接顶点 i 和顶点 j 的边上的权。对于顶点集 V 的任意一个真子集 S，若令

$$\delta(S) \in \{e_{i,j} \in E; i \in S, j \in V - S\} \qquad (3.14)$$

则 $\delta(S)$ 为边的集合，这些边一端属于 S，而另一端属于 $V - S$。由 S 确定的割 $\mathrm{Cut}(S)$ 为

$$\mathrm{Cut}(S) \in \sum_{e_j \in \delta(S)} \omega_{i,j} \qquad (3.15)$$

最大割问题就是找一个集合 S，使得 $\mathrm{Cut}(S)$ 最大，即 $\delta(S)$ 中边权的和最大。

图 3.4 为 4 顶点无向图的最大割问题示例。图中左边部分为待分割的 4 顶点有权无向图，$V = \{V_1, V_2, V_3, V_4\}$ 为顶点集，各边上的数字为对应的权值。由于此例问题规模较小，我们能较容易看出其最大割为 $\mathrm{Cut}(S) = 2 + 3 + 3 + 2 = 10$，对应顶点分割为 $V_1, V_4 \in S_1, V_2, V_3 \in S_2$，如图 3.4(b) 所示。

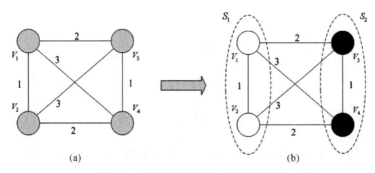

图 3.4　4 顶点无向图最大割问题示例

若设割向量 $x \in \{-1,1\}^n$，式中

$$x_i \in \begin{cases} 1, & i \in S \\ -1, & i \in V - S \end{cases} \tag{3.16}$$

则最大割问题等价于

$$\max_{x \in [-1,1]^n} \sum_{i<j} \omega_{ij} \frac{1 - x_i x_j}{2} \tag{3.17}$$

最大割问题在超大规模（VLSI）集成电路设计、统计物理、图像处理等工程问题中有着广泛的应用，它是经典的组合优化问题，也是图论中典型的 NP‐hard 问题，一直受到相关研究学者的关注。下述用基于最大割问题的求解来验证本书所提出 MHNN 算法的性能。

2. 基于变异 Hopfield 神经网络的最大割问题求解

对给定无向图 $G = (V, E, W)$，设 $V_{i_1}, V_{i_2}, \cdots, V_{i_l} \in S_1$，对应割向量 $x_i = 1(i = 1, 2, \cdots, l)$，$V_{i_{l+1}}, V_{i_{l+2}}, \cdots, V_{i_n} \in S_2$，对应割向量 $x_i = -1(i = l+1, l+2, \cdots, n)$。由于图 **G** 所有权值之和为一定值，则式（3.17）等价于

$$\min \sum_{V_i, V_j \in S_1} \omega_{ij} + \sum_{V_i, V_j \in S_2} \omega_{ij} - \sum_{V_i \in S_1, V_j \in S_2} \omega_{ij} \tag{3.18}$$

由于

$$x_i \in \begin{cases} 1, & i \in S \\ -1, & i \in V - S \end{cases} \tag{3.19}$$

故式(3.18)可表示为

$$\min \sum_{V_i,V_j \in S_1} x_i\omega_{ij}x_j + \sum_{V_i,V_j \in S_2} x_i\omega_{ij}x_j + \sum_{V_i \in S_1,V_j \in S_2} x_i\omega_{ij}x_j$$

$$(3.20)$$

即

$$\min \sum_{V_i,V_j \in S, i \neq j} x_i\omega_{ij}x_j \qquad (3.21)$$

同式(3.7)比较后可得求解最大割问题的 HNN 能量函数为

$$E = -\frac{1}{2}\sum_{i=1,i\neq j}^{n}\sum_{j=1,j\neq i}^{n} \upsilon_i\omega_{ij}\upsilon_j \qquad (3.22)$$

其中,神经网络的连接权矩阵为无向图 G 权矩阵 $\boldsymbol{W}$ 的相反数,即,HNN 中神经元 i 和 j 的连接权为图 G 中连接顶点 V_i 和 V_j 所在边的权值的相反数。对应神经元的输出则为一组可行解 $(u_1,u_2,\cdots,u_n)$ $\in [1,-1]^n$。当 Hopfield 神经网络收敛到全局最小点时,对应输出即为无向图 G 最大割的最优解。

3.仿真实验及分析

仿真实验采用的全连通无向图顶点数分别为 $n=50,100,150,$ 200,其连接权为[1,75]范围内随机均匀生成的整数。

为了验证算法提出的变异操作的有效性,本书先对仅带变异操作的 HNN(记为 PHNN,Perturbation HNN)与传统的 HNN 进行了比较。PHNN 算法结构如图 3.5 所示。

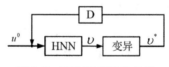

图3.5 PHNN算法结构图

PHNN 与 HNN 在 100 顶点无向图最大割问题中的对比结果如图 3.6 所示

图 3.6 表明,传统的 HNN 在第 1 000 步附近就陷入了局部极值,并在后面的计算中最大割值不再提高,而 PHNN 则因为变异操

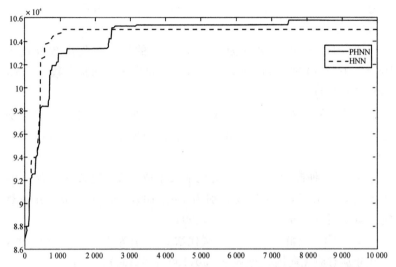

图 3.6　PHNN 与 HNN 在 100 顶点无向图最大割问题中的对比结果

作能跳出局部极值并找到更好的解。对比结果表明变异操作对解决 HNN 陷入局部极值的问题是有效的。

　　为了验证 MHNN 算法的性能,下面将 MHNN 与 GA,ACO (Ant Colony Optimization,蚁群算法),EDA 以及 PHNN 进行了比较。

　　由于随着无向图顶点数的增大,问题计算量急剧增加,所以相应算法的种群大小以及迭代(进化)次数应根据问题规模进行适当调整。另外,对于智能优化算法,最终解的优劣一般与计算时间正相关,即种群规模越大,迭代(进化)次数越多,计算时间越长,所得解也更优。故为了对比实验的有效性,各算法参数选择主要考虑两种因素:①算法参数随问题规模变化适当调整;②问题规模相同时,各算法的计算时间尽量相差不明显。基于此,各算法参数选择如下。

　　(1)MHNN:种群大小为 20(每个种子对应一个 HNN 的初始状态),进化池大小取为 10,变异概率为 0.05,HNN 的最大迭代次数分别为 Ite＝500,1 000,1 500,2 000(分别对应无向图顶点数 n＝50, 100,150,200)。

(2)PHNN:变异概率为 0.05,HNN 的最大迭代次数分别为 Ite＝20 000,40 000,55 000,70 000(分别对应无向图顶点数 n＝50, 100,150,200)。

(3)EDA:种群大小为 100,进化池大小取为 50,进化代数分别 为 Ite＝150,300,450,600(分别对应无向图顶点数 n＝50,100,150, 200)。

(4)GA:种群大小为 100,进化池大小取为 50,交叉概率为 0.9, 变异概率为 0.05,进化代数分别为 Ite＝100,200,300,400(分别对 应无向图顶点数 n＝50,100,150,200)。

(5)ACO:蚁群大小为 50,迭代次数分别为 Ite＝50,120,200, 300(分别对应无向图顶点数 n＝50,100,150,200)。

进行 100 次 Monte Carlo 仿真实验,计算最优值的平均值及方 差,同时给出 100 次实验的总计算时间,实验结果见表 3.2,其中黑 体数值表示对应顶点最大割问题几种算法中所求的最优值。

表 3.2 MHNN, PHNN, EDA, GA 和 ACO 在最大割问题求解中的比较

顶点数		50	100	150	200
MHNN	平均最大割	**2.781×10^4**	**1.056×10^5**	2.433×10^5	**4.571×10^5**
	最优值方差	31.408	465.360	1.384×10^3	2.273×10^3
	计算时间/s	87.494	551.225	1.746×10^3	3.958×10^3
PHNN	平均最大割	2.780×10^4	1.054×10^5	2.418×10^5	4.549×10^5
	最优值方差	11.465	278.593	1.196×10^3	$L937\times10^3$
	计算时间/s	87.926	544.949	1.603×10^3	3.521×10^3
EDA	平均最大割	2.773×10^4	1.054×10^5	**2.473×10^5**	4.526×10^5
	最优值方差	482.939	1.074×10^3	1.171×10^3	5.005×10^3
	计算时间/S	86.437	574.148	1.848×10^3	4.207×10^3
GA	平均最大割	2.721×10^4	9.988×10^4	2.244×10^5	4.080×10^5
	最优值方差	505.501	1.998×10^3	4.013×10^3	6.752×10^3
	计算时间/S	113.656	609.960	1.852×10^3	4.245×10^3

续　表

顶点数		50	100	150	200
ACO	平均最大割	2.682×10^4	1.021×10^5	2.336×10^5	4.320×10^5
	最优值方差	372.475	2.281×10^3	5.234×10^3	8.878×10^3
	计算时间/S	87.243	549.674	1.725×10^3	4.175×10^3

由表 3.2 可以看出,在计算时间不占优的情况下所提出 MHNN 算法在顶点数分别为 50,100 和 200 时都取得了最优值,在 150 时也取得了次优值。另外,MHNN 的最优值方差也仅次于 PHNN,优于另外三种优化算法,表明算法一致性较好。故可以认为将变异策略和概率估计策略引入到 HNN 中,有效克服了 HNN 陷入局部极值的不足,提高了 HNN 的全局搜索能力。

3.4　单跑道进港排序优化

3.4.1　编码方式

为了使 HNN 网络完成优化计算,必须找到一种合适的表示飞机序列的方法。鉴于飞机进场排序的解是 n 架飞机的有序排序,对于单跑道进港排序优化问题,可将其看成是一个有约束的开放 TSP 问题,因此可用一个由 $n \times n$ 个神经元构成的矩阵(称为换位阵)来描述飞机序列。图 3.7 给出了 7 架飞机排序问题中的一个可能的有效序列的换位阵。

由于每架飞机仅能访问一次,因此换位阵中每个飞机行只允许且必须有一个 1,其余元素均为 0。同理,每个位置列中只能有一架飞机,因此换位阵中每个位置列只允许且必须有一个 1,其余元素均为 0。为了用神经元的状态表示某飞机在某一有效路线中的位置,第一个下标 x 表示飞机号,$x=1,2,\cdots,n$,第二个下标 i 表示该飞机在排序中的位置,$i=1,2,\cdots,n$。例如 $v_{32}=1$,表示第 2 个进场飞机为飞机 3,$v_{32}=0$ 表示第 2 个进场飞机不是飞机 3,而是其他飞机。

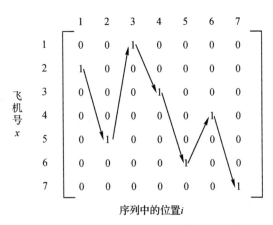

图 3.7　进港飞机有效序列换位阵示意图

图 3.7 中的换位矩阵所表示的飞机进场序列为

$$2 \to 5 \to 1 \to 3 \to 6 \to 4 \to 7$$

其对应飞机总进场时间则为

$$t_{\text{sum}} = t_{25} + t_{51} + t_{13} + t_{36} + t_{64} + t_{47}$$

3.4.2　能量函数设计

用 HNN 求解飞机进港问题的关键是构造一个合适的能量函数,其构成如下:

(1)能量 E_1-飞机行约束。当每个飞机行中的 1 不多于一个时,应有第 x 行的全部元素 v_{xi} 之和为 1,即

$$\sum_{i=1}^{n} v_{xi} - 1 = 0 \qquad (3.23)$$

从而全部 n 行每行元素之和也应为 1,即

$$\sum_{x=1}^{n} (\sum_{i=1}^{n} v_{xi} - 1)^2 = 0 \qquad (3.24)$$

按此约束可定义能量 E_1 为

$$E_1 = \frac{A}{2} \sum_{x=1}^{n} (\sum_{i=1}^{n} v_{xi} - 1)^2 \qquad (3.25)$$

式中,A 为大于 0 的常数。

(2)能量 E_2-位置列约束。同理,当每个位置列中的 1 不多于一个时,应有第 i 列的全部元素 u_{xi} 之和为 1,即

$$\sum_{x=1}^{n} v_{xi} - 1 = 0 \qquad (3.26)$$

从而全部 n 列每列元素之和也应为 1,即

$$\sum_{i=1}^{n} \left(\sum_{x=1}^{n} v_{xi} - 1 \right)^2 = 0 \qquad (3.27)$$

按此约束可定义能量 E_1 为

$$E_2 = \frac{B}{2} \sum_{i=1}^{n} \left(\sum_{x=1}^{n} v_{xi} - 1 \right)^2 \qquad (3.28)$$

式中,B 为大于 0 的常数。

(3)能量 E_3-换位阵全局约束。显然,$E_1 = 0$ 和 $E_2 = 0$ 只是换位阵有效的必要条件,但不是充分条件,容易看出,当换位阵中各元素均为"$1/n$"时,也能满足 $E_1 = 0$ 和 $E_2 = 0$,但这显然是无效的。因此,还需引入第三个约束条件-全局约束条件,以确保换位矩阵中不会出现小数,即

$$E_3 = \frac{C}{2} \sum_{x=1}^{n} \sum_{i=1}^{n} v_{xi}(1 - v_{xi}) \qquad (3.29)$$

式中,C 为大于 0 的常数。

(4)能量 E_4-总进场时间。同时满足以上 3 个约束条件只能说明序列是有效的,但不一定是最优的。按照要求,在序列有效的前提下,其总进场时间应最短。为此在能量函数中尚需引入一个能反映总进场时间的分量 E_4,其定义式要能保证 E_4 随总进场时间的缩短而减小。设 x,y 为飞机序列中任意两架飞机,当 x,y 相邻时,有以下两种情况:

1)x 在 y 前面,设对应时间间隔为 t_{xy}。

2)y 在 x 前面,设对应时间间隔为 t_{yx}。

这两个情况相应表达式为:$t_{xy} v_{x,i} v_{y,i+1}$ 和 $t_{yx} v_{y,i} v_{x,i+1}$。顺序访

问 x,y 两飞机所有可能途径（时间）可表示为

$$\sum_{i=1}^{n-1}(t_{xy}v_{x,i}v_{y,i+1}+t_{yx}v_{y,i}v_{x,i+1}) \tag{3.30}$$

n 架飞机两两之间所有可能的访问路径长度可表示为

$$\sum_{x=1}^{n-1}\sum_{y=x+1}^{n}\sum_{i=1}^{n-1}(t_{xy}v_{x,i}v_{y,i+1}+t_{yx}v_{y,i}v_{x,i+1}) \tag{3.31}$$

式（3.31）中 x,y 具有对偶性，故其又可写为

$$\frac{1}{2}\sum_{x=1}^{n-1}\sum_{n}\sum_{i=1}^{n-1}t_{xy}v_{x,i}v_{y,i+1} \tag{3.32}$$

则能量函数 E_4 可写为

$$E_4=\frac{D}{2}\sum_{x=1}^{n-1}\sum_{n}\sum_{i=1}^{n-1}t_{xy}v_{x,i}v_{y,i+1} \tag{3.33}$$

式中，D 为大于 0 的常数。

综合以上 4 项，可得飞机进港排序问题能量函数如下：

$$E=\frac{A}{2}\sum_{x=1}^{n}(\sum_{i=1}^{n}v_{xi}-1)^2+\frac{B}{2}\sum_{i=1}^{n}(\sum_{x=1}^{n}v_{xi}-1)^2$$
$$+\frac{C}{2}\sum_{x=1}^{n}\sum_{i=1}^{n}v_{xi}(1-v_{xi})+\frac{D}{2}\sum_{x=1}^{n}\sum_{n}\sum_{i=1}^{n-1}t_{xy}v_{x,i}v_{y,i+1} \tag{3.34}$$

对比 Hopfield 网络的二次型能量函数，可得神经元 x_i 和 y_i 之间的权值和阈值为

$$\left.\begin{array}{l}\omega_{xi,yj}=-A\delta_{xy}-B\delta_{ij}+C\delta_{xy}\delta_{ij}-Dt_{xy}\delta_{j,i+1},\forall\,x,y,i,j\\[2mm]b_{xi}=2A-\dfrac{C}{2}\end{array}\right\} \tag{3.35}$$

式中

$$\delta_{xy}=\begin{cases}1,&x=y\\0,&x\neq y\end{cases}$$

$$\delta_{ij}=\begin{cases}1,&i=j\\0,&i\neq j\end{cases}$$

3.4.3　移位约束处理

由于同类型飞机互相交换位置不改变飞机队列总的降落时间，故对于不满足移位约束的解可进行等效交换，将不满足移位约束的解调整为可行解，如图 3.8 所示。

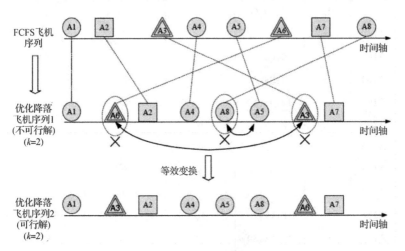

图 3.8　等效交换示意图

图 3.8 中不同形状代表不同类型的飞机。在对 FCFS 飞机序列进行优化排序后得到优化降落飞机序列 1，假设最大移位约束值 $k=2$，则序列 1 中的飞机 A3，飞机 A6 和飞机 A8 不满足移位约束。采用等效交换，将同类型飞机 A3 与飞机 A6，飞机 A8 与飞机 A5 互换后，得到优化降落飞机序列 2，则序列 2 与序列 1 总的降落时间相同，但序列 2 中的所有飞机都满足移位约束。

3.5　单跑道进港排序仿真实验

仿真场景考虑空中流量较繁忙的情况，在 25 min 内有 20 架飞机希望降落。3 种机型比例分别是 H:L:S＝3:5:2。其中首架飞机按照 ETA 正常降落,移位约束取 $k=2,3$,具体仿真场景数据及仿真结果见表 3.3。

表 3.3 单跑道进港飞机调度仿真结果

航班号	机　型	航班 ETA	FCFS 顺序	MHNN 顺序 ($k=2$)	MHNN 顺序 ($k=3$)
A101	L	12:00:00	1	1	1
A102	L	12:01:00	2	2	2
A103	H	12:02:20	3	4	6
A104	L	12:03:40	4	6	3
A105	S	12:05:10	5	3	5
A106	H	12:06:30	6	5	7
A107	L	12:07:50	7	7	4
A108	H	12:09:00	8	8	8
A109	S	12:10:20	9	9	9
A110	L	12:11:20	10	10	10
A111	H	12:12:30	11	13	12
A112	L	12:13:40	12	11	11
A113	H	12:15:00	13	14	13
A114	L	12:16:40	14	12	14
A115	L	12:18:00	15	15	15
A116	S	12:19:20	16	18	16
A117	L	12:20:50	17	16	18
A118	L	12:22:20	18	17	19
A119	H	12:23:40	19	20	20
A120	S	12:25:00	20	19	17
总降落时长/s			1 987	1 769	1 717
总时间延误/s			4 977	3 718	3 154

　　图 3.9 为仿真对应的飞机降落时序示意图。图中横轴为时间坐标，从下至上的 4 个飞机降落序列依次表示 ETA、FCFS、MHNN（$k=2$）、$MHNN$（$k=3$）的优化结果，其中正方形"□"代表重型飞机，圆形"○"代表大型飞机，星号"∗"代表轻型飞机。

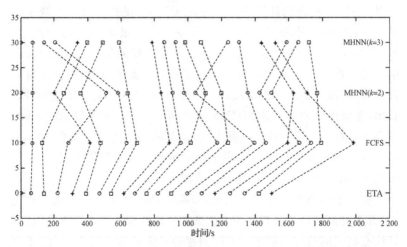

图 3.9　FCFS，MHNN（$k=2$）和 MHNN（$k=3$）的飞机降落序列比较

　　从仿真结果中可以看出，当移位约束 $k=2$ 时，MHNN 算法所得进港序列在总的降落时间上比 FCFS 序列减少了 11.0%，总延误减少 25.3%；当移位约束 $k=3$ 时，MHNN 算法所得进港序列在总的降落时间上比 FCFS 序列减少了 13.6%，总延误减少 36.6%，可见随着移位约束 k 的增加，所提出的 MHNN 对单跑道进港排序优化问题优化效果更好。

3.6　本章小结

　　本章将变异策略和概率估计策略引入到 HNN 中，提出了 MHNN 算法。算法利用多个 HNN 生成的不同极值进行概率估计并重采样,反复迭代得到最优解,从而有效克服了 Hopfield 神经网络易陷入局部极值的缺点。变异操作和重采样操作不断生成新粒子,从而扩大了搜索范围;而在重采样过程中产生的不满足约束条件的不可行解,由于 HNN 吸引子的存在,会迅速收敛到某个可行解。所以 MHNN 将进化计算的全局搜索与 HNN 的快速计算实现了有效结合,互相补充,提高了算法的效率。对于最大割问题的求解,MHNN 比传统的智能优化算法显示出了更好的整体性能;同时对单跑道进港排序优化问题也表现出了很好的效果,有效提高了机场吞吐容量,减少了总的延误时间。另外,从本章中问题求解过程可以看出,能量函数的建立是 MHNN 应用的一个难点和关键,而有些问题由于存在不确定性或解空间太大,能量函数的建立较困难,如本书后面的双跑道双目标进港排序优化问题和离港排序优化问题,这也限制了 MHNN 的应用,有待进一步深入研究。

相比于单跑道进港排序优化,双跑道进港排序优化问题规模更大,也更复杂。而实际调度中对算法的实时性要求较高,传统的优化算法在期望的时间内都难以求得问题的最优解,故在下一章里,本书采取引入贪心策略和优化解空间的方法求可行解,从而保证了计算实时性,这是与本章在求解思路上主要的不同之处。

第4章　基于动态规划算法的多跑道进港排序优化

4.1　概　　述

上一章基于 MHNN 算法研究了单跑道进港排序优化问题,取得了较为满意的结果,但现在随着我国航空流量的不断增加,国内越来越多的机场开始采用或建设多条跑道。目前,我国北京大兴国际机场和上海浦东国际机场是 4 条跑道,北京首都国际机场和重庆江北国际机场是 3 条跑道,广州白云国际机场、上海虹桥机场、天津滨海国际机场、西安咸阳国际机场、成都双流国际机场、长沙黄花国际机场、武汉天河国际机场、郑州新郑国际机场、南京禄口国际机场、杭州萧山国际机场、深圳宝安国际机场、昆明长水国际机场是双跑道运行,在建或即将投入使用的双跑道机场还有青岛胶东国际机场、海口美兰国际机场等。而多跑道进港排序优化在问题规模、优化目标等方面与单跑道都有所不同,而多跑道机场往往也是我国航线最密集,最繁忙,延误问题最严重的机场。所以对多跑道进港排序优化问题的研究具有重要的现实意义。

因为多跑道进港排序优化问题要同时确定飞机的降落顺序、跑道、降落时间等,问题十分复杂。而多跑道机场处于进离港高峰期时,终端区的航班规模也往往较大,此时,进港排序优化问题解空间会急剧增大,传统的优化算法无法在较短时间内得到满意解,所以现在公开发表文献中罕有针对大规模多跑道问题的优化算法。

本章基于带贪心策略的 CPS 动态规划算法对多跑道多目标进港排序优化问题进行了求解,结构安排为:第 4.2 节对多跑道进港排序优化问题进行了描述;第 4.3 节提出改进的 CPS 动态规划算法,详细分析了单跑道 CPS 动态规划算法的基本思想及不足,对其编码方式进行改进,引入贪心策略,并分析了算法复杂度;第 4.4 节为仿真实验及分析,分别进行了贪心策略效果对比实验,吞吐量最大优化实验,降落开销最小优化实验,双跑道双目标优化实验等。

4.2 问 题 描 述

本章考虑的问题为在一双跑道机场,给定飞机序列、各飞机降落时间窗与优化目标,在满足一定约束条件的情况下,对飞机的降落顺序、降落跑道、降落时间进行优化调度。以下对相关部分进行介绍,其中,FCFS 序列、最大位置偏移 MPS 和最小尾流间隔仍沿用第 3 章中的相关定义和介绍,在此不再赘述。

4.2.1 飞机降落时间窗

终端区内的飞机需要满足航线上某些特定点(包括跑道)的速度要求。故根据飞机位置及速度要求,可以得到飞机的最早、最晚、预计降落时间等参数。ET_i:第 i 架飞机的最早降落时间。LT_i:第 i 架飞机的最晚降落时间。ETA_i:第 i 架飞机的预计降落时间。STA_i:第 i 架飞机的计划降落时间。故飞机的降落时间窗可表示为 $[ET_i, LT_i]$。

4.2.2 平行跑道

本章采用的多跑道机场模型为平行跑道模型,即机场跑道平行,距离较近。可以认为,飞机到达两条跑道的时间基本相等。同时,不同跑道上降落的相邻飞机需要保证一定的安全时间间隔(由跑道间距离决定)。假设双跑道模型时的跑道间安全间隔为 40 s。

4.2.3　优化目标

进港排序常用的优化目标主要有吞吐量最大、延误最小、燃油开销最小等。本章采用的模型为：飞机可以提前 ETA 降落，即 $ET_i <$ $ETA_i < LT_i$，提前降落会造成额外开销。于是吞吐量最大和开销最小的目标函数定义如下：

吞吐量最大：

$$\max \frac{n}{STA_{A_n} - t_0} \tag{4.1}$$

式中，STA_{A_n} 为最后一架飞机降落的时间；t_0 为算法开始调度的时间，设定 t_0 为 0，于是，吞吐量最大可等效为最后一架飞机降落时间 STA_{A_n} 最小。

降落总开销最小：

$$\min \sum_{i=1}^{n} c_i(STA_{A_i}) \tag{4.2}$$

式中，$c_i(STA_{A_i})$ 为第 i 架飞机在 STA_i 降落时造成的额外开销；$c_i(\cdot)$ 的具体形式和飞机类型、负载等各种因素有关，且随飞机提前、滞后降落的时间量增长，即 $c_i(STA_{A_i})$ 先严格递减至 0（$STA_i =$ ETA_i），再严格递增。假设 $c_i(STA_{A_i}) = |STA_i - ETA_i|$。

4.2.4　多目标优化及结果权重

多目标优化问题往往有无穷多个 Pareto 最优解，即多目标优化可以得到一系列 Perato 曲线上的点，每个点都互不支配。而实际选择最优解时，通常对多个目标函数加权，以选择一个符合现场情况的最优解。实际情况不同，选取的权重也不同。一般算法研究时，无法直接指定决策用的权重，只给出 Perato 曲线。近年来，在某些领域的多目标优化问题研究方面，出现的一种可行的方法是给出取到各最优解所对应的权重。

而双目标优化时，只要某个 $(f_1(x_i), f_2(x_i))$ 在 Perato 曲线上

是凸的,过此点的切线不与 Perato 曲线相交,则存在一个取到此点的权重。Das 给出了一种同时求 Perato 曲线及各点对应权重的方法,但其方法需要优化函数的解析表达形式,不适合本书问题。另外,本书双目标优化问题的 Perato 点为离散的,权重与点的对应关系为多对一映射,本书只给出一个可行权重。本书采用的方法如下:

(1)对 Perato 曲线上的点归一化处理。

(2)取出 Perato 曲线上的凸点。

(3)以某一凸点与和它相邻的前后两凸点连线斜率的平均值作为该点的切线斜率,切线斜率的绝对值为 w_1/w_2,又 $w_1+w_2=1$,由此可计算(w_1,w_2)。

4.3 基于贪心策略动态规划算法的双跑道优化调度

连续的时间坐标下,动态规划算法无法实现,需要根据实际的精度要求设置最小时间单位,将时间离散化。一个最小时间单位称为一个时隙,一般一个时隙表示 1~10 s 是比较合适的,根据当前终端区雷达的数据更新速率,本书采用单位时隙为 4 s。

实现基于 CPS 的动态规划算法时,除原有限制外,还需考虑节点编码方式、递推关系和最小时间单位,这些对算法复杂度均有明显影响。

4.3.1 单跑道 CPS 动态规划算法

动态规划算法存在两种主要的搜索方式,即深度优先搜索和宽度优先搜索。深度优先搜索是按每条路径动态规划,再加上剪枝等优化手段等寻找最优解。而宽度优先搜索是按每层节点逐层进行搜索从而寻找最优解。因本问题不同路径存在交叉点,故深度优先方法在求解的过程中存在很高的重复性,其复杂度比宽度优先方法高,故本书采用宽度优先的方法。

已有的 CPS 动态规划算法均针对单跑道问题。单跑道动态规划的基本思想是：按降落飞机架数 0 到 n 递推，递推到 m 架时，需要计算、存储满足条件的所有情况，即降落的所有 m 架飞机及其可能的所有排列方式。受 MPS 值 k 的影响，前 m 架飞机中，确定降落的有第 $1 \sim m-k$ 架飞机，已降落的第 $m-k+1 \sim m$ 架飞机为原序列第 $m-k+1 \sim m+k$ 飞机中的 k 架。

Trivizas 以 $2k$ 架飞机中未降落的 k 架表示节点，并且以一个 k 维向量表示节点，可以得到递推的每层节点数为 C_{2k}^{k}（$2k$ 架飞机中有 k 架未降落）。由于节点信息未包含已降落的最后一架飞机，所以只适合单一类型尾流间隔的问题。

Balakrishnan 等学者，用已降落飞机的最后 $2k+1$ 架（包含顺序）表示每层的节点（相对于他们先前的方法已有一定改进）。每个飞机节点又要按降落时间细分为 L/ε 个小节点（L 为降落时间窗最大跨度，ε 为最小时间单位），考虑前后两层节点间的相连关系，复杂度为 $O(n(2k+1)^{2k+2}L/\varepsilon)$。

对于单跑道单目标问题，Balakrishnan 等学者研究了不同的 k、飞机数目、吞吐量条件下，算法的优化性能，也研究了吞吐量、延迟、油耗间的关系。同时，Balakrishnan 等学者提出了将算法扩展到多跑道的设想，以记录节点 $2k+1$ 架飞机的降落跑道的方式记录跑道信息。每层的节点变为原来的 r^s 倍（r 为跑道数，s 为每个节点的飞机数），递推时一架飞机可以降落 r 条跑道，算法的复杂度变为了单跑道时 r^{s+1} 倍，另外，多跑道时，一个节点下，一条一维的时间向量无法表示多跑道的降落时间，需要将其扩展为矩阵（原文并没有考虑这一点），总算法复杂度为 $O(n(2k+1)^{2k+2}r^{2k+2}L^r/\varepsilon^r)$。这导致了此方法难以向多跑道推广。

4.3.2　改进的 CPS 动态规划算法

上述两种编码方式，因其各自的特点，均难以向多跑道问题扩展。文献[38]中的编码方式缺少飞机降落顺序，即使加上飞机降落的跑道信息，仍缺少每条跑道的最后一架飞机信息，从而无法向多跑道扩展。而 Balakrishnan 等学者提出的多跑道扩展方法，在实现时，算法复杂度大幅度增加，运算效率较低，无法在较短时间内完成多跑道优化，很难推广到实际应用场景。

为得到一种高效得多跑道动态规划算法，递推时的每层飞机节点数量要尽可能少，只包含必要信息即可。考虑到排序时有用的信息只有已降落的飞机和每条跑道最后一架降落飞机类型，本书采用文献[38]的飞机节点编码方式，并将其扩展 N_T^r 倍（N_T 为飞机类型数量，r 为跑道数量），在飞机节点后加上各条跑道最后一架飞机类型信息。而对于降落时间信息（时隙），若采用传统的 r 维矩阵表示，其运算效率仍很低下，需要进一步优化。因此，本书将 r 维时间矩阵离散化，使之能添加贪心策略，在基本不影响优化效果的前提下，大大提高运算效率。在此，以双跑道为例阐述多跑道动态规划算法，以及各优化目标、多目标优化的实现方式。

若不考虑降落顺序，已降落飞机中只有最后 k 架不确定，所以可以用一个 k 维向量 $(a_1,\cdots,a_k)$ 来表示已降落飞机，其中 $0 \leqslant a_1 < a_2 < \cdots < a_k \leqslant 2k-1$，表示已降落的 m 架飞机的最后 k 架为 $m+a_i-k+1$，$i=1,\cdots,k$。图 4.1 显示了 $k=2$ 时某相邻两层节点及其递推关系。将这 C_{2k}^k 个向量编号为 $0 \sim C_{2k}^k - 1$。

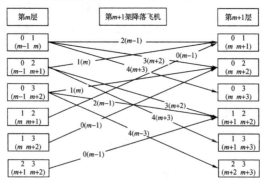

图 4.1　飞机节点递推关系（$k=2$）

再根据跑道信息将每个节点进一步细分,用 $f[m][s][\text{type}_1]$
$[\text{type}_2]$ 表示一个节点,其中 m 表示已降落的飞机数,type_i 表示最后
降落在 i 跑道的飞机类型,s 表示已降落飞机中最后 k 架的集合,即
向量编号。每一个节点所储存的数据,是一个矩阵 $\boldsymbol{B}=(b_{ij})$,每一个
元素 b_{ij} 表示 1 跑道的最后一架飞机在 $T_{1,0}+i$ 时隙降落、2 跑道的最
后一架飞机在 $T_{2,0}+j$ 时隙降落时的目标函数最优值,其中 $T_{1,0}$,
$T_{2,0}$ 表示 $b_{0,0}$ 对应的两条跑道降落最后一架飞机降落时间。

递推时,对于某一个节点 $f[m][s][\text{type}_1][\text{type}_2]$,下一架降
落飞机 a_{m+1} 可以降落在 1 跑道或 2 跑道,由此可得到递推的下一层
节点为 $f[m][s'][\text{type}'][\text{type}_2]$、$f[m][s'][\text{type}_1][\text{type}']$。由已
降落飞机的集合 s,可以得到 a_{m+1} 的所有可能性,由此可以得到与
$f[m][s][\text{type}_1][\text{type}_2]$ 相关的所有下一层节点。

对吞吐量最大目标进行优化,b_{ij} 仅取 0 或 1,表示是否有满足下
标时隙的飞机降落。由于飞机均尽早降落,矩阵 $\boldsymbol{B}$ 是一个稀疏矩
阵,可以对其进行常用的离散化处理,用若干个二元组表示其中 b_{ij}
$=1$ 的元。于是,每个 $f[m][s][\text{type}_1][\text{type}_2]$ 下有若干个二元组,
一个二元组 $(t_{1,i},t_{2,i})$ 表示 1 跑道的最后一架飞机在 $t_{1,i}$ 时隙降落、2
跑道的最后一架飞机在 $t_{2,i}$ 时隙降落。同一个 $f[m][s][\text{type}_1]$
$[\text{type}_2]$ 下,去除较劣解,只保留较优解,即 w 个二元组应满足 $t_{1,0} \leqslant$
$t_{1,1} \leqslant \cdots \leqslant t_{1,w}$ 且 $t_{2,0} \geqslant t_{2,1} \geqslant \cdots \geqslant t_{2,w}$。另外,还需去除多余解,
如由平行跑道对称性造成的 (a,b) 与 (b,a) 等价,由飞机安全间隔
造成的 $(t,t+\delta_r-\delta_{\max})$ 与 $(t,t+\delta_r-\delta_{\max}-a)$ 等价(δ_r 为两跑道
间的降落安全间隔,$\delta_{\max}$ 为前置飞机类型确定时,两飞机最小安全
间隔的最大值,$a > 0$)。

对降落总开销进行最小优化,b_{ij} 的值表示降落开销。这时,仍
采用上面的处理方法,改用三元组 $(t_{1,i},t_{2,i},c_i)$ 表示。只有当某一个
三元组的所有元素均劣于同一节点下的另一个三元组时(这种情况,
称作后者支配前者),才将其去除。

进行多目标优化时,只需将各优化目标值均添加到二元组

$(t_{1,i}, t_{2,i})$ 中，形成 $2+m$ 元组 $(t_{1,i}, t_{2,i}, a_i, b_i, c_i, \cdots)$（$m$ 为目标数，a_i, b_i, c_i 等为各目标值）。递推时仅舍去所有元素都被同节点下某一多元组完全优势覆盖（称为被支配）的多元组即可。如进行吞吐量最大与降落开销最小优化时，以 $(t_{1,i}, t_{2,i}, c_i, T_i)$ 表示（其中 T_i 为吞吐量），但考虑 $T_i = n/(\max\{t_{1,i}, t_{2,i}\} - t_0)$（$t_0$ 为起始时间），可以将 T_i 舍去，多元组化为和降落开销最小优化时相同，为 $(t_{1,i}, t_{2,i}, c_i)$。由于降落开销最小优化计算时，中间过程仅舍去那些被同一节点下另一三元组支配的三元组，与多目标优化时相同，所以此时的双目标（吞吐量、降落开销）优化和降落开销最小优化时，计算过程相同，仅对数据的处理不同。对最后的结果数据，取出其中在最后整一层节点范围内不被支配的三元组 $(t_{1,i}, t_{2,i}, c_i)$，计算得到 T_i，由各 (c_i, T_i) 得到最后的多目标优化曲线。

4.3.3　贪心策略

在后面的仿真数据中，可以看到前述算法对降落开销最小优化的运算速度不是很理想，需要进一步优化运算速度。

算法中，递推矩阵的三元组化，方便了三元组的选取，可以依此进行贪心操作。贪心处理的具体思想是，对于每一个 $f[m][s]$ $[\text{type}_1][\text{type}_2]$ 下的某个三元组 $(t_{1,i}, t_{2,i}, \text{Cost}_i)$，某架飞机 x 降落在 1 跑道时，最早降落时间为 t_1'，如果有 $\text{ETA}_x > t_1'$，则飞机 x 在 $t_1' \sim \text{ETA}_x$ 的每个时隙降落，都将产生 1 个新的 $m+1$ 层的 3 元组。（飞机 x 降落在 ETA_x 后的时隙产生的三元组必定劣于 ETA_x 降落时产生的三元组，无论是吞吐量还是降落开销）对于 $t_1' \sim \text{ETA}_x$ 中的这些时隙，我们可以只产生两端和中间共 3 个三元组，即仅以 t_1'、ETA_x 和 $(t_1' + \text{ETA}_x)/2$ 三个时隙产生新状态，这 3 个时隙产生的状态分别为侧重未排序飞机最优化的状态、当前最优化状态、折中状态。而 $\text{ETA}_x \leqslant t_1'$ 时，无需产生 t_1' 后降落的三元组。同时，为了保证计算所需的信息量，在 $m=1$（即第 1 层节点）时，不采用贪心，产生所有三元组。图 4.2 显示了添加贪心策略后，某三元组的部分递推关系。图 4.2 中第 2 层第一个三元组为 $(149,100,11)_{(L,L)}$，ETA 为 170 的 S 型飞机降落在第 2 条跑道时，原先可以在 $159\sim170$ 共 11 个时隙降落，但贪心策略只产生在 159,164,170 这 3 个时隙降落的三元组。

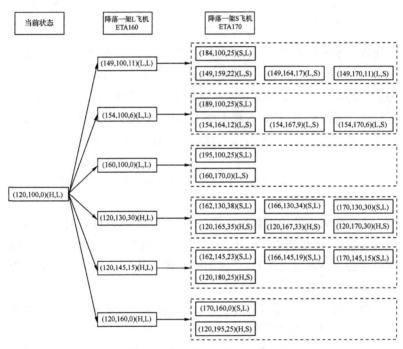

图 4.2　某三元组递推关系示意图(单位时隙:4 s)

图 4.2 中,某些三元组根据对称等因素变化等效后,被判定劣于(即三个元素均较劣)其他某个三元组,或出现重复,故将其删除,从而可以减小解空间,提高运算速度(如果考虑所有三元组产生情况,解空间减小比率会更加明显)。

4.3.4　计算复杂度分析

对于降落开销最小优化，未加贪心处理前的算法每层共有 $3^r C_{2k}^k$ 个节点(r 为跑道数)，每个节点至多有 $\dfrac{L}{\varepsilon}(\dfrac{167-2\times40}{\varepsilon})^{r-1}$ 个多元组，每个多元组在递推时，至多有 $r\dfrac{L}{\varepsilon}$ 个多元组，考虑三元组的比较，算法复杂度为 $O(n\,22707^r r C_{2k}^k L^3/\varepsilon^{2r})$，相较 Balakrishnan 等学者的算法复杂度 $O(n\,(2k+1)^{2k+2} r^{2k+2} L^r/\varepsilon^r)$，并没有优势(两种算法的实际运算复杂度远小于其最大值)。但加入了贪心策略后，算法的三元组数目、比较次数大幅减小，运算速度在双跑道时提高了近 100 倍,运算时间基本与飞机数量成线性关系。

4.4　仿真实验及分析

为减弱具体的输入数据对算法的优化结果、运算时间的影响,在仿真过程中,随机产生 100 个类型比例、时间窗跨度、飞机密度等参数一样的 FCFS 飞机序列,取这 100 个优化结果的统计平均值作为算法在这组参数下的性能指标。

仿真时,基本参数设置为:单位时隙为 4 s,时间窗跨度为 150 或 100 个时隙,飞机类型比例(H，L，S)为(0.3,0.4,0.3)或(0.4,0.5,0.1)。为方便阐述,记 $P_1=(0.3,0.4\ 0.3)$、$P_2=(0.4,0.5,0.1)$,当选择(0.3,0.4，0.3)作为类型比例时,仅简记 P_1。

4.4.1　贪心效果分析

不同参数下,单、双跑道降落开销优化的统计结果见表 4.1、表 4.2。可以看到未加贪心前动态规划算法的运算时间对各种参数敏感,运算速度不高。加了贪心处理后,算法基本保持了原有的优化效果,而且运算时间大幅减少。

表 4.1　单跑道时 DP 与带贪心策略 DP 效果对比

飞机架数	算　法	降落开销平均减小	平均运行时间/ms
30	DP	37.42%	1 046.88
30	DP+贪心	37.33%	64.38
50	DP	50.14%	1 732.5
50	DP+贪心	50.12%	84.53
70	DP	58.24%	3 094.53
70	DP+贪心	58.19%	105.78

表 4.2　双跑道时 DP 与带贪心策略 DP 效果对比

飞机架数	算　法	降落开销平均减小	平均运行时间/ms
10	DP	56.30%	10 674.84
10	DP+贪心	55.69%	144.22
20	DP	58.43%	39 004.06
20	DP+贪心	57.72%	492.03

由此可以认为,在后面的所有例子中(双跑道飞机较多情形),采用贪心处理后的动态规划算法优化效果基本可以达到原动态规划算法的效果。这是因为,在保证了初始信息量后,随着飞机数目增多与递推进行,贪心处理所丢失的信息量被弥补,所有三元组 $(t_{1,i}, t_{2,i}, \mathrm{Cost}_i)$ 按降落开销 Cost_i 较平均地分布。

4.4.2　吞吐量最大优化

降落时间窗跨度 100 个时隙、吞吐量约 70 架/h、不同飞机比例下,双跑道时吞吐量优化的结果如图 4.3 所示。70 架飞机、$k=3$ 时的双跑道吞吐量优化的平均运行时间约 0.1 s。

可以看到,在飞机数量较多时,不同的飞机比例对优化效果有影响。同一概率下,$k=1,2,3$ 时的效果相差不大,这是因为双跑道时,可以通过跑道的调整与小的位移来达到较好效果。

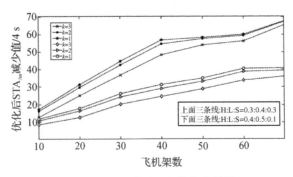

图 4.3　双跑道吞吐量优化的结果

4.4.3　双跑道降落开销最小优化

双跑道降落开销最小优化结果见表 4.3。表中降落时间窗跨度为 100 个时隙,吞吐量约 70 架/h,$P_1 = (0.3, 0.4, 0.3)$。表中,优化效果随飞机架数增多而更加明显,原因是飞机架数少时,FCFS 序列的开销相对不大,故优化空间相对较小。可以看到 $k = 1, 2, 3$ 时的优化效果差别不大,这也是跑道调度的结果。

表 4.3　双跑道降落开销最小优化结果

飞机数量	$k = 1$		$k = 3$	
	降落开销平均减少	平均运行时间/ms	降落开销平均减少	平均运行时间/ms
10	54.77%	33.28	55.69%	106.88
20	56.20%	37.03	57.72%	455.00
30	58.54%	43.43	60.86%	781.25
40	62.71%	58.12	65.75%	1 086.72
50	66.78%	93.75	68.75%	1 658.28
60	69.15%	117.35	70.62%	2 090.47
70	69.49%	147.81	71.27%	2 541.41

4.4.4　双跑道双目标优化

图 4.4 所示为双跑道 $k = 3$，吞吐量约 70 架/h、飞机总量 70、降落时间窗跨度 100 个时隙、飞机比例取 $P_1 = (0.3，0.4，0.3)$时的双跑道优化结果。图中，所有点为双目标优化最优解，"$*$"为曲线上的凸点，对应的凸点权重见表 4.4（因非凸点无对应权重，所以仅给出凸点）。图 4.4 中的点，按 $Cost_i$ 较均匀分布，与前面的论述相符。

此条件下，最后一架飞机的降落时间至多提前 100 个时隙，$STA_{A_n，DP}/STA_{A_n，FCFS}$的理论最小值在 0.9 左右。可以看到优化后动态规划算法的双目标优化效果较好。

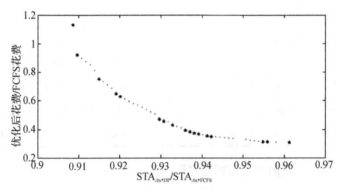

图 4.4　$k = 3$ 时某 FCFS 序列双跑道双目标优化结果

表 4.4　图 4.4 中凸点对应权重

原始点		归一化		权　重	
0.961	0.310	1.000	0.274	0.000	1.000
0.956	0.313	0.995	0.277	0.438	0.562
0.955	0.314	0.993	0.278	0.634	0.366
0.942	0.350	0.980	0.309	0.780	0.220

续　表

原始点		归一化		权　重	
0.941	0.356	0.979	0.315	0.828	0.172
0.939	0.368	0.977	0.325	0.835	0.165
0.938	0.374	0.976	0.331	0.862	0.138
0.937	0.383	0.975	0.339	0.890	0.110
0.936	0.394	0.974	0.349	0.904	0.096
0.933	0.432	0.970	0.382	0.913	0.087
0.931	0.459	0.968	0.405	0.918	0.082
0.930	0.473	0.967	0.418	0.927	0.073
0.920	0.629	0.957	0.557	0.937	0.063
0.919	0.649	0.956	0.574	0.949	0.051
0.915	0.754	0.952	0.667	0.960	0.040
0.910	0.922	0.946	0.815	0.990	0.010
0.909	1.131	0.945	1.000	1.000	0.000

4.4.5　不同优化目标结果比较分析

同一 FCFS 序列不同优化结果具体形式如图 4.5 所示。图 4.5 中,横轴为时间坐标,单位为时隙(4 s);从下至上的 6 条虚线依次表示 ETA、FCFS 排序结果、本书算法 $k=1$ 时吞吐量优化结果、$k=3$ 时吞吐量优化结果、$k=1$ 时降落开销优化结果、$k=3$ 时降落开销优化结果;同一实线上的不同节点表示某架飞机在不同结果中的 STA;除 ETA 序列外,每一结果的虚线表示 0 跑道,即节点在虚线上表示飞机降落在 0 跑道,节点偏移在虚线上方则表示飞机降落在 1 跑道。

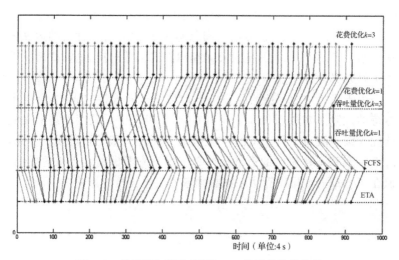

图 4.5　某 FCFS 序列(同图 4.4)的具体优化结果

可以看到,由于开销最小优化时,飞机的 STA 尽可能靠近 ETA,所以飞机的降落顺序相较 FCFS 变化很小,但降落跑道有明显变化。另外,吞吐量最大优化时,$k=1,3$ 的最后一架飞机降落时间基本相同;开销最小优化时,$k=1,3$ 的优化结果基本相同。这与第 4.3 节的论述相符。

4.5　本 章 小 结

改进后的基于 CPS 动态规划算法能对吞吐量、降落开销分别或同时进行优化并得到较好的结果,同时,运行速度较快,运算时间基本与飞机数量呈线性关系。而对比所有数据,k 值对优化效果影响不大,可以认为,在本模型中,$k=1$ 的算法与 $k=2,3$ 的算法优化效果接近,但运算时间具有明显优势,最多不超过 0.2 s,完全可以满足实际要求,这也是本章与上一章单跑道优化调度的一个不同之处。

当前,我国一些大型机场已开始使用 4 条跑道或 3 条跑道甚至规划第五条跑道。本章提出的算法在进一步向多跑道(≥3)推广时,算法理论可基本不变,但因解空间急剧膨胀,降落开销优化的运算量将大幅上升,需要加入其他优化策略以提升运算速度,这需要后续进一步研究努力解决。

由于飞机空中等待的经济成本远高于地面等待的成本,且空中等待的危险系数也明显高于地面等待,所以在实际调度中进港飞机的优先级一般高于离港飞机,即对跑道的占用一般是进港飞机优先,故上一章和本章研究的进港排序算法都没有考虑离港飞机的影响,但在下一章离港排序算法中则必须考虑进港飞机的影响。

第5章 离港飞机调度实时优化

5.1 概　　述

机场终端区飞机调度优化主要分为进港飞机调度优化和离港飞机调度优化两个方面。前面两章针对不同跑道情况对进港排序优化问题进行了研究。进港排序优化的主要目标是通过对飞机序列和速度的调整与控制,在固定的时间内使尽可能多的飞机降落或尽可能准点降落,并满足实际中的约束条件,例如,国际民航组织(ICAO)规定的不同类型飞机之间尾流间隔的最小距离标准等。

离港飞机的序列优化问题与进港飞机的不同。目前实际中应用的大多数离港飞机的调度策略是优先进港飞机占用跑道,然后利用跑道的空闲时隙安排离港飞机适时起飞。因此,在对离港飞机进行排序的过程中,需要考虑进港飞机占用跑道的情况,这与进港飞机的排序问题有很大区别。

机场中存在很多制约空中交通流量的因素,其中主要是跑道、滑行道和停机位。国内外学者对跑道操作和停机位分配操作进行了很多相关研究。在这些研究中,滑行只是作为跑道和停机位的一个中间过程而没有被详细考虑。近年来,滑行过程中的不确定性对进/离港航班延误的影响日益凸显,研究重点也逐渐开始关注优化机场地面滑行路径,提高机场运行效率。这些研究考虑了机场滑行道上的冲突。

本章基于带滑动窗的分布估计算法,实现了对无滑行冲突离港排序优化问题的求解,结构安排为:第 5.2 节对离港飞机调度优化问题进行了描述,第 5.3 节对问题进行数学建模,第 5.4 节基于 EDA

对问题进行了求解及算法设计,第 5.5 节为仿真实验及分析。

5.2 问题描述

航班在离港时要经历五个阶段,并且在 ATC 管制下按照一定的离港程序完成离港。

(1)登机门。机组、旅客登机。

(2)停机坪。停机坪服务,如加油、检查、饮食服务等,直至推出。

(3)滑行。飞机从停机坪滑行至跑道入口。

(4)跑道。得到许可滑跑起飞。

(5)终端区。由终端区入口点排队进入航路。

在以上 5 个阶段航班按照下列程序进行离港:放行许可、开车、推出、滑行、排队、起飞。即离港航班做好起飞准备后,在停机位发出开车请求和推出请求,得到管制员的放行许可后开车推出,并按指定路径滑行,滑行到跑道口后,加入离港等待队列准备起飞,最后在得到起飞许可后滑跑起飞。

离港航班的计划起飞时间(STD)可以由起飞排序模型和算法计算得到。准备好时间 ROBT 即预计推出时间将根据停机位管理系统或者航空公司对滑行时间的粗略估计得到,这个时间也是离港飞机最早可以开始滑行的时间。假设从停机位滑行到跑道所需时间为TAXITIME,则离港飞机的开始滑行时间不能在 ROBT 之前也不能在 STD−TAXITIME 之后。

对于进港飞机,在进近阶段需要获得塔台管制员的降落许可,飞机着陆并减速到一个安全地面速度后脱离跑道,移交给地面管制员,在地面管制员的指导下按指定路径滑行到停机位。进场飞机的ETA 可以从飞机进场管理系统获得。ETA 加上进场飞机的跑道占用时间就得到进场飞机的滑行开始时间。

离港排序优化主要针对以上几个过程进行合理优化,以提高离港效率。离港排序系统根据停机坪、跑道和天气因素对离港航班进行排序,提供更为准确的撤轮档时间、开车时间、起飞时间和滑行路线。

考虑到航班空中等待的代价要远大于航班地面等待的代价,因此,为离港航班分配起飞时间以着陆飞机优先占有跑道为原则。进港飞机的预计降落时间和预计着陆跑道可以由进港排序系统得到。推出排序的主体思想为将可能发生在滑行道上的延误吸收至停机位,如图5.1所示。也就是说通过统筹规划使航班在停机位等待适当的时间,来赢得在滑行道上的无冲突滑行。这样做的目的在于,减少由于在滑行道上的低速滑行或等待而造成的燃油消耗,航空公司也可以根据准确的撤轮档时间合理安排旅客登机,避免旅客在机舱内长时间等待。飞行员可以根据准确的开车时间开车,避免过早开车却不能推出滑行,造成燃油浪费。从而提高终端区离港的安全性、经济性和运行效率。

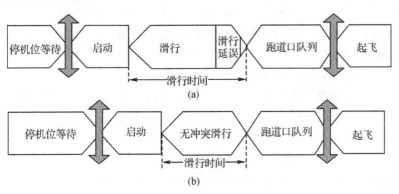

图 5.1　离港排序管理前后效果示意图

故飞机离港排序优化主要是根据进港飞机对跑道的占用情况,离港飞机的准备好时间以及从停机位到达跑道起飞点所需要的时间等因素,合理分配离港飞机占用跑道的时间,并计算出飞机推出停机位的时间,使得起飞航班的平均延误最小,并满足无冲突滑行约束。

5.3 系统建模

(1)进港飞机集合:
$$A_a = \{A_a^1, A_a^2, \cdots, A_a^m\} \qquad (5.1)$$
式中,每架进港飞机 $A_a^i(1 \leqslant i \leqslant m)$ 对应一个降落时间 T_a^i,并且在从降落时间 T_a^i 到降落后的一个固定时间长度 ΔT 内占用跑道,即在 $[T_a^i, T_a^i + \Delta T]$ 的时间区间内不能安排飞机起飞。

(2)离港飞机集合:
$$A_d = \{A_d^1, A_d^2, \cdots, A_d^n\} \qquad (5.2)$$
式中,每架离港飞机 $A_d^i(1 \leqslant i \leqslant n)$ 对应一个准备好时间 T_r^i,一个预计起飞时间 T_e^i 和一个到达跑道口所需的滑行时间 t_r^i。离港飞机 A_d^i 的推出时间 T_p^i 必须在准备好时间 T_r^i 之后,经过滑行时间 t_r^i 后到达跑道口。设离港飞机 A_d^i 的实际起飞时间为 T_d^i,则跑道在 $[T_d^i, T_d^i + \Delta T']$ 的时间区间内被占用,其中 $\Delta T'$ 为离港飞机起飞时占用跑道的时间。

(3)滑行无冲突约束:
设 u 为滑行道交叉点,T_{iu} 为航班 i 到达滑行交叉点 u 的时刻,R_i 为航班 i 的滑行路径,由滑行道交叉点组成。

1)避免滑行道交叉点冲突,有
$$|T_{iu} - T_{ju}| > T, \forall u \in R_i \bigcap R_j, \qquad (5.3)$$
式中,T 为两架航班经过同一个滑行交叉点的安全时间间隔。设交叉冲突对应函数式为 f_1。

2)避免追尾冲突。若存在
$$\begin{cases} u, v \in R_i \bigcap R_j \\ \text{pos}(u, R_i) - \text{pos}(v, R_i) = -1 \\ \text{pos}(u, R_j) - \text{pos}(v, R_j) = -1 \\ T_{iu} < T_{ju} \end{cases}$$
则

$$T_{iv} < T_{jv} \tag{5.4}$$

式中，pos (u,R_i) 表示交叉点 u 在航班 i 所经过路径中的位置，即它是航班经过的第几个交叉点。若 $\text{pos}(u,R_i) - \text{pos}(v,R_i) = -1$，则表示航班 i 先经过交叉点 u，后经过交叉点 v，并且 u 和 v 是相邻的。$u,v \in R_i \bigcap R_j$，$\text{pos}(u,R_i) - \text{pos}(v,R_i) = -1$，$\text{pos}(u,R_j) - \text{pos}(v,R_j) = -1$ 表示航班 i 和航班 j 以同样的滑行方向经过 (u,v) 滑行段。这种情况有发生追尾冲突的可能，因此，要加以限制，防止追尾冲突的发生。设交叉冲突对应函数式为 f_2。

3）避免对头冲突。若存在

$$\begin{cases} u,v \in R_i \bigcap R_j \\ \text{pos}(u,R_i) - \text{pos}(v,R_i) = -1 \\ \text{pos}(u,R_j) - \text{pos}(v,R_j) = 1 \\ T_{iu} < T_{jv} \end{cases}$$

则

$$T_{iv} < T_{jv} \tag{5.5}$$

式中，$u,v \in R_i \bigcap R_j$，$\text{pos}(u,R_i) - \text{pos}(v,R_i) = -1$，$\text{pos}(u,R_j) - \text{pos}(v,R_j) = 1$ 表示航班 i 和航班 j 以相反的滑行方向经过 (u,v) 滑行段。这种情况有发生对头冲突的可能，因此，要加以限制，防止对头冲突的发生。设交叉冲突对应函数式为 f_3。

（4）离港飞机 A_d^i 的延迟时间 D^i 定义为

$$D^i = \begin{cases} 0, & T_d^i \leqslant T_e^i \\ T_d^i - T_e^i, & T_d^i > T_e^i \end{cases} \tag{5.6}$$

（5）优化目标是让所有离港飞机的平均实际起飞延误 D_a 最小，即

$$\min D_a = \frac{\sum\limits_{i=1}^{n} D^i}{n} \tag{5.7}$$

5.4 基于带滑动窗分布估计算法求解

5.4.1 分布估计算法

GA 算法是由美国密歇根大学的 John Holland 教授创立的一种自适应启发式全局寻优算法。该算法模拟自然界"优胜劣汰"的自然选择过程,反复迭代寻优,最终得到问题的较优解。由于其思路简单,易于实现以及良好的鲁棒性,很多学者基于该算法提出了针对进港飞机队列优化问题的解决方案。他们大多采用不同的编码方式以及不同的交叉和变异方法来优化进港飞机的序列。另外,也有学者利用进化算法对进港飞机排序的多目标优化问题进行了研究。而在离港飞机调度优化方面,Capri 和 Ignaccolo 提出了将离港飞机序列引入机场动态模型中,并运用 GA 算法进行调度优化的思想。

但传统 GA 算法还具有一些不足之处:①GA 算法的关键是处理进化过程中的积木块(building block),然而交叉算子和变异算子不具有学习和识别基因之间连接关系的能力,所以实际的重组操作经常造成积木块的破坏,从而导致算法逼近局部最优解或早熟;②GA 算法中操作参数的选择依赖性强,甚至参数选择本身就是一个优化问题,而这方面尚没有较为成熟的理论方法,更多地依赖于个人经验,所以一般认为 GA 算法使用容易,用好却不容易;③GA 算法主要基于对种群中的各个个体进行遗传操作(交叉、变异等)来实现群体的进化,只是生物进化"微观"层面上的建模,缺乏"宏观"上的指引,导致其整体效率不高。

EDA 算法是近年来在进化计算领域兴起的一类新型优化算法。其概念最初在 1996 年提出,在 2000 年前后迅速发展,并成为当前进化计算领域前沿的研究内容,2005 年在进化计算领域权威的国际期刊 Evolutionary Computation 上出版了 EDA 算法的专刊,近年来国际上进化计算领域的各大学术会议,如 ACMSIGEVO,IEEE CEC

等,都将 EDA 算法作为重要专题予以讨论。

　　EDA 算法通过一个概率模型描述候选解在空间的分布,采用统计学习手段从群体宏观的角度建立一个描述解分布的概率模型,然后对概率模型随机采样产生新的种群,如此反复进行,实现种群的进化,直到终止条件。与 GA 算法不同,EDA 算法中没有传统的交叉、变异等遗传操作,而是通过概率模型实现进化操作,EDA 算法与 GA 算法流程对比如图 5.2 所示。与 GA 算法相比,一般情况下 EDA 算法能更有效地解决高维问题,降低时间复杂度。GA 算法和 EDA 算法都是比较典型的启发式优化方法,已广泛的用于与优化相关的多个领域。而总体来说,目前 GA 算法在飞机排序调度问题上的研究相对较多,而 EDA 算法在飞机排序问题上的研究还鲜有文章公开发表。

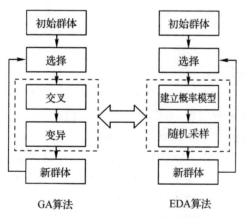

图 5.2　EDA 算法与 GA 算法流程对比图

　　下面详细介绍 EDA 算法在离港飞机调度优化问题中的具体实现。

5.4.2　解空间编码

由于二进制码的广泛适用性以及解空间连续等优点,故采用二进制编码方式。下面具体介绍如何运用序数法在飞机序列和二进制码之间建立一一对应关系。

由于每个二进制码和十进制整数是一一对应的,所以只需要建立十进制整数和飞机序列之间的对应关系即可。假设有 n 架飞机需要排序,则对应的序列个数为 $n!$ 个,即需要建立 0 到 $n!-1$ 的 $n!$ 个整数和长度为 n 的排列之间的一一对应关系。而从 0 到 $n!-1$ 的任意整数 x 可唯一地表示为

$$x = a_{n-1}(n-1)! + a_{n-2}(n-2)! + \cdots + a_1 \times 1! \quad (5.8)$$

式中,$0 \leqslant a_i \leqslant i$,$i=1,2,\cdots,n-1$,所以从 0 到 $n!-1$ 的 $n!$ 个整数与式(5.9)一一对应,即

$$(a_{n-1}, a_{n-2}, \cdots, a_2, a_1) \quad (5.9)$$

现在由 x 计算与其对应的式(5.9),假设

$$\left. \begin{array}{l} n_1 = x \\ n_{i+1} = \left\lfloor \dfrac{n_i}{i+1} \right\rfloor \end{array} \right\} \quad (5.10)$$

式中,$\lfloor \cdot \rfloor$ 为向下取整,则有

$$a_i = n_i - (i+1)n_{i+1}, i=1,2,\cdots,i-1 \quad (5.11)$$

为了便于编程实现,采用如下规则由计算出的式(5.9)来得到某一排列 $p = p_1 p_2 \cdots p_n$。假设飞机的编号为 $1,2,\cdots,n$,由于 $0 \leqslant a_{n-1} \leqslant (n-1)$,则从式(5.9)的第一个元素 a_{n-1} 开始,可以在当前的飞机集合中选择第 $a_{n-1}+1$ 个编号所对应的飞机作为生成序列的第一架飞机,然后,再从剩下的飞机集合中选择第 $a_{n-2}+1$ 个编号所对应的飞机作为生成序列的第二架飞机,依次类推,直到生成序列的所有飞机都被确定为止。

5.4.3 适应度函数

EDA 算法产生的解都是飞机的一个序列,下面定义某个飞机序列 $p = p_1 p_2, \cdots, p_n$ 的适应度值。

对于序列 p,将其作为一种优先队列,即排在前面的飞机优先考

虑安排起飞使其起飞延迟最小。对于离港飞机的集合 A_d，每一个解代表一个优化后的飞机离港序列。从这个序列的开始到末尾的每一架飞机，按最早可能起飞时间的方式确定飞机的起飞计划。

在确定每一架离港飞机的起飞计划时，采用最早可能起飞时间而不是预计起飞时间的理由是防止产生起飞时隙的"碎片"造成效率降低。例如，图 5.3 所示是一种可能出现的对比情况。白色方框代表可用的起飞时隙，而黑色矩形代表离港飞机占用跑道的时间段。如果按照最早起飞时间的策略安排起飞，可以在该时隙内安排两架飞机起飞，如图 5.3(a)所示。而如果按照最接近预计起飞时间的策略安排起飞，就有可能产生图 5.3(b)中的情况，在前后产生时隙"碎片"，使得本来可以安排两架飞机起飞的时隙变得只能安排一架飞机起飞，降低了跑道的利用率。

根据单架飞机延误时间的定义式(5.6)和平均延误时间的定义式(5.7)，只需要得到每架飞机的实际起飞时间 T_{di}，就可以计算出平均延误时间 D_a。

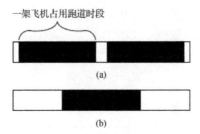

图 5.3　起飞时间安排策略效果对比图
(a)按照最早可能起飞时间安排起飞；(b)按照最接近预计起飞时间安排起飞

为了简化起见，假定进港飞机的降落时间没有随机扰动。设任意进港飞机 A_a^i 占用跑道的时间区间为 $[T_a^i, T_a^i + \Delta T]$，定义剩下的时间段集合为

$$S = \{s^1, s^2, \cdots, s^N\} \tag{5.12}$$

式中，$s^i \in [T_s^{i-l}, T_s^{i-u}]$，$1 \leqslant i \leqslant N$。

这样,离港飞机按照由进港飞机降落时间确定的推出时间推出,则到达跑道口后即可起飞,即离港飞机 A_d^i 的实际起飞时间 T_d^i 可由式(5.13)确定,即

$$T_d^i = \max\{\min\{T_s^{j\_l}\}, T_r^i + t_r^i\} \qquad (5.13)$$

$$1 \leqslant i \leqslant n, \; 1 \leqslant j \leqslant N$$

$$T_s^{i\_u} - T_s^{i\_l} \geqslant \Delta T'$$

$$T_s^{i\_u} - (T_r^i + t_r^i) \geqslant \Delta T'$$

其物理意义为,安排的起飞时间必须在离港飞机到达跑道口的最早可能时间 $T_r^i + t_r^i$ 之后,并且时隙的长度必须大于飞机起飞所需要的时间长度 $\Delta T'$。

这样,就可以根据每架飞机的实际起飞时间 T_d^i,由式(5.6)和式(5.7)计算出平均延误时间 D_a。另外,对于滑行冲突约束,采用惩罚函数的形式代入适应度函数。由于一般优化目标是求极大值,定义适应度函数 f,如下式所示

$$f = -D_a - C_1 f_1^2 - C_2 f_2^2 - C_3 f_3^2 \qquad (5.14)$$

式中,$C_1 > 0, C_2 > 0, C_3 > 0$ 分别为交叉冲突 f_1,追尾冲突 f_2,对头冲突 f_3 的惩罚系数。

同时由式(5.15)可得到离港飞机 A_a^i 的推出时间为

$$T_p^i = T_d^i - T_r^i \qquad (5.15)$$

5.4.4 算法步骤

由于采用的编码方式是将飞机序列与二进制码一一对应。所以对于长度为 n 的飞机序列,会产生 $n!$ 个有效解。而随着 n 的增长,解空间的大小会很快超过整型变量的取值范围。事实上,对于所有大于 16 的 n,解空间已经超出了整型变量的取值范围。

因此,对于少量飞机的调度优化(在本章中指不超过 16 架离港飞机),可以直接使用单次 EDA 算法求解。而对于大量飞机的调度优化,需要采用一种在解空间和优化效果中取得平衡的方法。

基于滑动窗思想调度优化算法的步骤为:

(1)假设离港飞机数量为 n,飞机的编号分别为 $1,2,\cdots,n$,取飞机集合中的前 k 架飞机 $1,2,\cdots,k$, $(k\leqslant n)$ 开始排序。

(2)通过 EDA 算法计算得到第一组 k 架飞机的最优序列 $[p(1),p(2),\cdots,p(k)]$。再取包含其前 l 架飞机的子序列 $[p(1),p(2),\cdots,p(l)](l<k)$ 作为最终排列中长度为 l 的子序列。

(3)再选择剩下飞机集合中的前 k 架飞机 $(1,2,\cdots,k)$ 开始排序。然后重复上一步。

(4)直到飞机集合剩下的飞机数为 k,此时运用同样的方法得到最优子序列,并将这个最后得到的子序列放到步骤(1)~步骤(3)已确定飞机序列的最后,从而得到最终优化结果。

滑动窗的引入相当于用 $\left\lceil \dfrac{n-k}{l} \right\rceil +1$ 次 EDA 求长度为 k 的最优序列的运算,代替直接求长度为 n 的最优序列的运算,其中,$\lceil \cdot \rceil$ 为向上取整。由于飞机调度中存在有移位约束,即飞机优化后在序列中的位置相对优化前序列中的位置不宜变动过大,故基于滑动窗思想求得的解较为接近最优解,而且在时间复杂性和空间复杂性上也能有较好的平衡。需要说明的是,如果 k 与 n 相等,则退化为单次使用 EDA 算法排序的情况。

如图 5.4 所示是一个离港飞机数量 $n=7$、滑动窗大小 $k=5$、滑动窗移动步长 $l=1$ 的优化过程示例,其需要进行 $\left\lceil \dfrac{n-k}{l} \right\rceil +1=3$ 次求长度为 5 的最优序列运算。图中白色圆圈代表位置未被确定的飞机,黑色圆圈代表位置已确定的飞机。

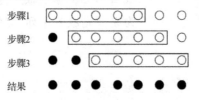

图 5.4　基于滑动窗的优化过程示意图

5.5　仿真实验及分析

5.5.1　仿真场景及参数设置

仿真数据来自于广州白云机场的实际运行数据。根据问题规模GA 算法和 EDA 算法的参数选取如下：GA 算法种群大小为 10，交叉概率为 50％，变异概率为 1％，最大进化代数为 10 000；EDA 算法种群大小为 10，择优比例为 50％，最大进化代数为 10 000。分别对两种场景进行仿真：较小规模不需要采用滑动窗的场景和较大规模需要采用滑动窗的场景。为了便于比较 GA 算法和 EDA 算法的性能，对两种算法采用相同的编码方式和适应度函数。

5.5.2　无需运用滑动窗的场景

根据前面分析可知，由于采用的编码方式是将飞机序列与二进制码一一对应，当离港飞机数量大于 16 架时，解空间的大小可能会超出整型变量的取值范围，故不宜直接使用单次 EDA 算法进行优化求解。因此本章在较小规模不需要运用滑动窗的场景中，选取了约半个小时内双跑道混合起降、15 架离港飞机和 10 架进港飞机的数据进行仿真。仿真实验中，在没有超出最大进化代数的前提下，当最近的 100 代最优值没有变化，就认为算法已经收敛，则记录最优值并停止计算。通过 100 次 Monte Carlo 实验取平均值，得到的优化结果见表 5.1。表中 FCFS 为先到先服务序列，即优化前的飞机起飞序列。

表 5.1　较小规模情形下 GA 算法和 EDA 算法的优化结果（未采用滑动窗）

算　法	FCFS	GA	EDA
平均延误/s	383.93	358.67	358.67
最优值方差/s	—	≈0	≈0
性能提高百分比	—	6.58%	6.58%
平均收敛代数	—	3.48	2.45
收敛代数方差	—	4.71	2.86
平均耗费时间/ms	—	44.12	41.95
耗费时间方差/ms	—	17.98	4.36

5.5.3　需要运用滑动窗的场景

由前面分析可知,当离港飞机数量大于 16 架时,可认为是规模相对较大的场景,应该采用滑动窗的思想进行优化求解。故仿真实验选取了约一个小时内双跑道混合起降、32 架离港飞机和 16 架进港飞机的数据进行仿真,滑动窗大小 $k=16$,滑动窗移动步长 $l=1$,收敛条件也是最近的 100 代最优值没有变化。通过 100 次 Monte Carlo 实验取平均值,得到的优化结果见表 5.2。

表 5.2　较大规模情形下 GA 算法和 EDA 算法的优化结果（采用滑动窗）

算　法	FCFS	GA	EDA
平均延误/s	366.25	350.08	348.23
最优值方差/s	—	2.03	0.71
性能提高百分比	—	4.42%	4.92%
平均收敛代数	—	51.76	35.59
收敛代数方差	—	15.53	10.04
平均耗费时间/ms	—	1 404.09	1 445.05
耗费时间方差/ms	—	254.34	230.48

5.5.4 优化结果分析

1. GA 算法与 EDA 算法性能比较

由表 5.1 和表 5.2 的实验结果不难看出，GA 算法和 EDA 算法在优化效果上都取得了较为理想的结果。而 EDA 算法的平均收敛代数小于 GA 算法，EDA 算法所得的最优值方差、收敛代数方差和耗费时间方差都比 GA 算法低，表明 EDA 算法的稳定性更好。两种算法的收敛曲线如图 5.5 所示。其中，横轴代表进化代数，纵轴代表 100 次 Monte Carlo 实验在该代产生的最优值的方差。

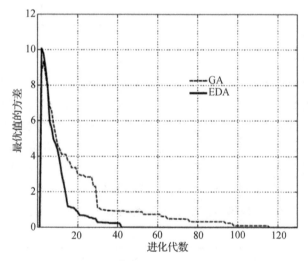

图 5.5　GA 算法和 EDA 算法的收敛曲线

2. 滑动窗参数对优化效果的影响

由第 5.4.4 节所述，加入滑动窗的 GA 算法和 EDA 算法主要涉及两个参量：滑动窗的大小 k、滑动窗的移动步长 l。针对 5.5.3 节中的实验场景，通过改变 k 和 l 这两个参量，可以得到不同的优化效果。优化效果（平均延迟时间减少的百分比值）同这两个参数之间的关系见表 5.3。

表 5.3　EDA 算法与 GA 算法优化效果比较

k	GA 优化效果/%			EDA 优化效果/%		
	$l=1$	$l=2$	$l=3$	$l=1$	$l=2$	$l=3$
16	4.42	2.74	2.15	4.92	3.01	2.39
14	4.77	2.92	2.13	4.89	3.27	2.41
12	4.77	2.57	1.52	4.91	2.73	1.98
10	4.84	2.93	1.51	4.82	2.98	1.51
8	4.93	2.27	0.49	4.94	2.78	0.74

由表 5.3 可以看出：

(1)在参数相同的情况下,带滑动窗 EDA 算法的优化效果整体上要好于带滑动窗 GA 算法的优化效果。

(2)同一种算法在滑动窗大小确定的情况下,优化效果随滑动窗步长的增加而减小。

(3)同一种算法优化效果同滑动窗大小的关系与采用的滑动窗步长有关。滑动窗步长较小时,优化效果受滑动窗大小的影响不大;而当滑动窗步长较大时,优化效果会随着滑动窗的缩小而下降。而且滑动窗步长越大,这种下降的趋势也越明显。

由于在实际的空管调度中,一般希望调整后序列中的每一架飞机的位置与原来序列中的位置偏移不要过大,这不仅保证了一定的公平性,也减轻了空管人员的调度压力。假设允许的最大位置偏移为 M,则滑动窗大小 k 可根据需要在[M,2M]取值,从而既能得到满足位移约束的较优解,又可减小计算量。对于滑动窗移动步长 l 的选取,则可根据当前起降飞机的密集程度自适应调整。当起降飞机不太密集时,则 l 可选择相对较小的值,从而使得到的结果更优;当起降飞机较为密集时,则 l 可选择相对较大的值,从而节省计算资源。

5.6 本章小结

本章研究了基于 EDA 算法的离港飞机调度优化问题。运用序数法进行编码,并采用分配最早时隙的策略分配起飞时隙。针对飞机数量较多时解空间超出整型变量取值范围的问题,提出了基于滑动窗优化排序思想的排序方法。最后分别针对飞机规模较小和飞机规模较大两种不同场景进行了仿真对比实验,同时还分析了滑动窗参数对优化效果的影响并给出了相关参数的选取原则。

离港排队是进港排队的一个逆向过程,由于一般情况下跑道占用为进港飞机优先,另外离港不仅仅是管制部门的运作,而是管制部门与机场和航空公司协调运行的过程,所以在实际运行中离港相比进港要更加复杂,飞机离港序列要考虑的限定因素更多,离港辅助决策系统的开发相比进港辅助决策系统难度更大,这也是目前离港辅助决策系统的实际应用整体上滞后于进港辅助决策系统的原因之一。

第6章　终端区空中交通管理辅助决策系统

6.1　概　　述

前面相关章节研究了进/离港辅助决策系统所需的主要算法,本章将相关算法进行集成,并借鉴国外 AMAN/DMAN 系统的运行模式,初步开发了终端区空中交通管理辅助决策系统,并在中国民航大学空中交通管理研究基地进行了演示验证。

空中交通管理辅助决策系统通过与空管自动化系统的交互,获取航班的各项飞行数据,为管制员提供合理的管制预案,以此减轻管制员的工作负荷,扩大终端区的容量。空中交通排队辅助决策系统包含航班进港和离港排队辅助决策两个子系统,属于战术流量管理范畴。

航班进港排队辅助决策系统的功能是:优化航班进港排序,提高机场流量水平;向管制员提供进港排序的管制决策建议,优化机场附近终端区/进近以及部分区域范围内空中交通秩序,缩短飞机进近时间,提高跑道使用率;增强特殊情况下管制员处置进港航班的能力。

航班进港排队辅助决策系统主要运行原理是:首先通过雷达信息和飞行计划计算出飞机预计落地时间;然后根据飞机预计落地时间、飞机进港航路、跑道使用方式等因素,动态地自动优化计算飞机的落地排序和时间,给管制员提供飞机进近的综合信息及参考管制辅助建议。

航班离港排队辅助决策系统的功能是:优化航班离港排序,提高跑道利用率,减少进离场延误;优化机场机动区的地面交通;优化飞机推出开车时间,减少飞机开车后地面等待时间;提高塔台管制特殊情况处置能力。

航班离港排队辅助决策系统主要运行原理是:首先通过机场协同决策系统获取航班准备好开车的时间或人工输入由机组通知的准备好开车的时间,通过空管自动化系统获取航班在航路上的放行间隔;然后通过跑道最大利用率原则、停机位、滑行路线、离港点、标准仪表离场程序、机型数据、放飞安全间隔等因素,计算被分配的跑道号,优化航班的起飞时间,推算航班最佳推出/开车/滑出时间,减少飞机开车后地面等待时间。动态地优化计算和显示离港飞机的地面滑行路径、排序和起飞时间。当飞机滑行路径、位置、速度等要素改变时,对飞机起飞排序进行重新优化计算。

从国外的经验来看,美国、欧洲以及澳大利亚不少繁忙机场和终端区以及区域都使用了航班进离港排队辅助决策系统,并取得了良好的效果。如图 6.1 所示中右上角圆圈部分所示即为德国法兰克福机场实际使用的进离港辅助决策系统界面。

图 6.1　法兰克福机场进离港辅助决策系统界面

本章结构安排为第 6.2 节介绍演示实验背景并建立了相关场景模型,第 6.3 节从系统流程、程序设计、人机界面等几方面介绍了开发的进港辅助决策系统,第 6.4 节同样从系统流程、程序设计、人机界面等方面介绍开发的离港辅助决策系统,第 6.5 节为演示验证实验及相关实验数据。

6.2　实验背景及场景模型

所开发的辅助决策系统以重庆江北国际机场及其进近管制区为仿真场景。重庆江北国际机场（IATA：CKG，ICAO：ZUCK）简称江北机场，为 4F 级民用国际机场，是中国八大区域枢纽机场之一；目前拥有停机坪 166 万平方米、机位 209 个、货运区 23 万平方米；可保障年旅客吞吐量 4 500 万人次、货邮吞吐量 110 万吨、飞机起降 37.3 万架次。2019 年，重庆江北国际机场完成飞机起降 31.84 万架次，同比增长 5.9%；旅客吞吐量 4 478.67 万人次，同比增长 7.7%；货邮吞吐量 41.09 万吨，同比增长 7.5%；分别位居中国第 8 位、第 9 位、第 10 位。

下述按进近管制区空域和江北机场场面结构分别进行介绍。

6.2.1　进近管制区空域

重庆进近管制区水平范围为以下各点连成的闭合区域：岳池（N30°32′00″，E106°26′00″），忠县（N30°17′30″，E108°02′00″），石柱（N30°06′30″，E108°06′30″），土地坳（N28°27′30″，E108°12′40″），水塘（N27°55′00″，E106°26′00″），官渡（N28°33′30″，E106°05′30″），合川（N29°59′40″，E106°15′30″），垂直范围为 6 000 m（不含）以下。

1. 场景模型及进场航路

根据进近管制区域图构建的重庆进近管制区场景模型如图 6.2 所示，其中 2 个圆形部分区域为飞行危险区，3 个不规则多边形区域为飞行限制区。

终端区进场航路可以看成是一个以跑道为根的树结构，如图 6.3 所示的就是江北机场终端区进场航路示意图的树形图：以跑道为原点，纬度向东方向为 X 轴，经度向北方向为 Y 轴建立坐标系，得到江北机场的进场航路树状示意图。

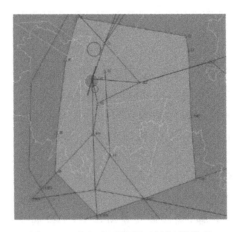

图 6.2 重庆进近管制区域场景模型

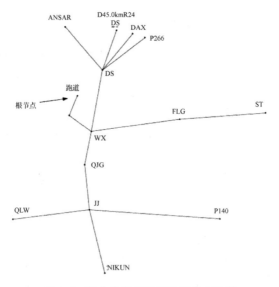

图 6.3 江北机场进场航路树状示意图

从图 6.3 中可以看出,机场共有 8 个入口点,共有 3 个关键点(交叉点),表 6.1 是重庆终端区进场航路各限速点对应限制速度。

表 6.1　进场航路各限速点对应限制速度(nmi/h)

限速点	重型机	大型机	小型机
入口处	154.166 7	154.166 7	154.166 7
3 300 m 处	128.472	123.333	118.194
WX 点处	97.638 9	97.638 9	97.638 9
跑道	69.375	69.375	69.375

2.进离场相关飞行规则

(1)过渡高度层/过渡高度。过渡高度层 3 600 m;过渡高度 3 000 m,2 700 m(QNH≤979 hPa),3 300 m(QNH≥1 031 hPa)

(2)起落航线。起落航线高度为 800~1 200 m,转弯高度不低于 700 m,宽度 4~6 km。各机型起落航线主要在跑道东侧进行。

(3)等待。如需飞机在空中等待,可安排在长生桥和统景场两个导航台上空按直角航线在 1 800~5 700 m 之间进行等待,每隔 300 m 为一高度层。飞机执行等待的时间不得小于 3 min,如因排序原因需要飞机等待不足 3 min,则可通过调速或雷达引导绕飞达到空中消耗等待时间的目的。

(4)进场飞机速度限制:①飞行高度 6 000 m 至 3 000 m(不含)飞机最大飞行表速不得超过 520 km/h;②飞行高度 3 000 m 或以下飞机最大飞行表速不得超过 460 km/h。

3.雷达程序

(1)雷达引导区域范围和雷达引导最低安全高度。飞机在 6 000 m 以下,进入进近管制区域边界后,管制员对已识别的飞机按照标准仪表进离场程序提供雷达引导和排序,直至相应的最后进近航迹或目视跑道。

(2)安全间隔。重庆进近管制区域内实施雷达管制。在进近管制区域内,同航向同高度飞机之间最小水平间隔为 10 km,对头飞行飞机在相遇前互相穿越高度,彼此之间最小水平间隔为 20 km,处于同高度平行航迹上的飞机之间侧向最小安全间隔为 10 km,最小垂直间隔为 300 m。

(3)雷达引导与排序。重庆进近管制区对区域内每架飞机均实施雷达引导。管制部门根据飞机性能或管制规定,发布雷达引导、上升或下降高度及速度调整指令,使进离场飞机之间保持规定的雷达间隔或尾流间隔。对进场飞机,预计先进入最后进近航段的飞机具有着陆优先权,若两架飞机预计同时到达最后进近定位点,则直线进近飞机较非直线进近飞机具有着陆优先权。繁忙时段,雷达引导航迹将不同于公布的进、离场程序。飞机在得到雷达引导后,严格按管制员指令飞行。

(4)雷达引导调速范围。重庆进近管制在对飞机进行雷达管制时,在高度 3 000 m 以下执行的调速范围一般为 170~250 kt,引导飞机到达最后进近定位点附近时,速度一般控制在 180 kt 左右,而高度高于 3 000 m 时,雷达引导速度受 250 kt 限制。

6.2.2 机场场面结构

三期扩建完成后江北机场场面总体示意图如图 6.4 所示。

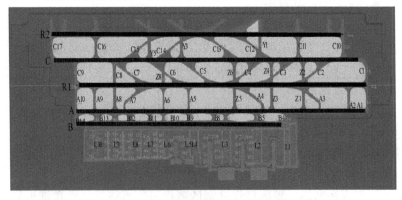

图 6.4 江北机场场面总体示意图

1. 跑道构型

图 6.4 中,两条黑线 R1 和 R2 为新江北机场的两条跑道中心线,图 6.4 中下侧 R1 为西跑道,上侧 R2 为东跑道。两跑道的具体参数为

(1)西跑道 R1。跑道中心点标高 415.5 m,跑道长度 3 200 m,跑道方位 017°~197°,跑道南端标高为 411.2 m,北端标高为 411.7 m,磁差-2°。

(2)东跑道位置 R2。东跑道与西跑道平行,东跑道中心线与西跑道中心线垂距 380 m,东跑道南端入口与西跑道南端入口向北错开 260 m,跑道长度 3 600 m,跑道中心点标高为 414 m,跑道南北端两端标高均为 410 m,跑道方向 071°,磁差 2°。

2. 滑行道位置

(1)南北方向有 3 条长滑行道:A,B,C,其中 C 滑行道位于两跑道中间,A、B 滑行道位于西跑道 R1 以西(见图 6.4)。

(2)东西朝向的滑行道:L1~L10 滑行道在停机位处,飞机推出/滑出停机位时将首先进入这些滑行道(注:有的停机位飞机可以直接滑到 B 上)。B4~B14 连接 A、B 滑行道。A1~A10,C1~C17,Z1~Z8,Y1~Y5 分布在跑道两侧,供飞机进入、脱离、穿越跑道,其中快速脱离道与跑道夹角为 152°;穿越跑道的滑行道:A1/C1,Z1/Z2,Z3/Z4,Z5/Z6,A6/Z8,A8/C8,A10/C9。

3. 停机位分布

各停机位具体分布如下:

(1)滑行道 L2 上的停机位:101~105。

(2)滑行道 L3 上的停机位:107~110,201~204。

(3)滑行道 L4 上的停机位:206~209。

(4)滑行道 L5 上的停机位:301~303。

(5)滑行道 L6 上的停机位:304~306,401~405。

(6)滑行道 L7 上的停机位:406~414。

(7)滑行道 L8 上的停机位:415~418,501~505。

(8)滑行道 L9 上的停机位:506～513,515,516。

(9)滑行道 L10 上的停机位:517～523。

(10)滑行道 B 上的停机位:105～107,204～206,303、307。

6.3 进港辅助决策系统

6.3.1 系统主要功能

(1)可模拟飞机从进入终端区到跑道着陆的飞行全过程。

(2)根据每个航班的最近一段周期的移动轨迹,给出航班的估计到达时间 ETA。

(3)能够对航班的正常进近、更改线路、复飞等行为进行模式识别。

(4)实时地对航班的着陆时间和着陆跑道进行优化计算,在满足约束条件的情况下增大跑道吞吐量,减小航班总延误。

(5)提供终端区内所有待着陆飞机的着陆时间及着陆跑道。

(6)可以在系统中设定不同的系统参数,来取得不同的排序效果,这些参数包括最大位移数量、最小时间或者距离间隔。

(7)对两种进近模式进行模拟:独立进近,相关进近。

(8)以二维形式显示的信息包括以下几种。

1) 空域结构信息,包括进近和进港航线、航路点位置、机场位置。

2) 所有被监控到港航班的位置、高度、速度能够以直观形式显示。

3) 进港排队管理建议,包括:着陆序列以及每个航班的着陆时间、着陆跑道等。

(9)管制员可以利用鼠标和键盘,对排序结果进行调整,系统在进行下一轮计算时要考虑该调整。

(10)系统可以记录、存储整个运行流程,包括每个运行周期内的航班数量、位置、速度以及排序建议和速度调整方案,这些存储的信息可以在系统中进行回放。

6.3.2　系统流程

飞机进入终端区,在管制员雷达界面显示的同时,其数据通过用户数据报协议(UDP)发送到进港排序辅助决策系统。辅助决策系统接收 UDP 数据包后,解析读取包内信息,生成所有飞机的状态结构,并根据四维航迹预测的结果,对飞机进行排序,给出辅助决策的结果,并在终端显示,同时进入下次数据接收。其流程图如图 6.5 所示。

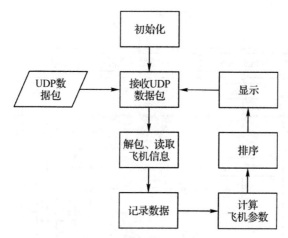

图 6.5　进港辅助决策系统流程图

图 6.5 中各主要模块功能如下。

(1)接收 UDP 数据包。不断接收定时更新的进港飞机状态数据包。

(2)解包。对接收到的原始数据包进行解包分析等工作,得到当前飞机飞行状态等信息。

(3)计算飞机参数。根据目前解包得出的飞机飞行状态计算出排序所需要的相关参数。

(4)排序。根据输入数据计算飞机的计划到达时间和着陆跑道。

(5)终端显示。显示排序结果,运行状态和飞机的位置。

6.3.3 系统程序总体设计

1.系统总体结构

系统分为用户层和核心层两层。核心层提供了系统所要用的所有功能,用户层通过调用核心层提供的函数接口来形成完整的程序。用户层的功能包括提供实时航班速度位置等信息,实现人机交互和界面设计等。系统核心层的结构如图 6.6 所示。

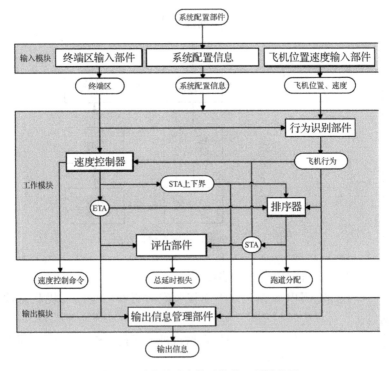

图 6.6　进港辅助决策系统核心层模块图

系统核心层可分成输入、工作和输出等 3 个主要模块。

2. 输入模块

输入模块的主要功能是读入终端区的信息和实时报告飞机位置,其主要包括终端区输入部件、飞机位置速度输入部件和系统配置部件三部分。

终端区输入部件的功能是读入终端区的信息,这些信息包括终端区的结构、各节点的速度限制以及跑道的条数。考虑到一般的情况,较之飞机位置的信息,终端区信息相对是固定的,所以系统将终端区的信息存储在文件中。用户可以指定从相应文件中读入终端区的信息。

飞机位置速度输入部件的功能是实时地告诉工作模块现在终端区有哪些飞机和每一架飞机的位置、速度。在仿真模式下,这些信息都是由外部模块中的飞机信息库告诉它的。而到实际应用时,它的这些数据就直接来自雷达。

系统配置部件则是对系统所用到的速度控制器,行为识别器,排序器和评估部件等进行相应状态和参数设置。

3. 工作模块

工作模块的主要功能就是滚动计算出飞机的 ETA、STA 和速度控制命令、评估排序结果、识别飞机行为,并把结果传输给输出模块。它包括行为识别部件、排序器、速度控制器和参数评估部件。

行为识别部件根据飞机位置输入部件给定的飞机位置当前信息和历史信息,来判断飞机是在正常飞行状态、复飞状态,还是起飞离港状态等,并把判断出来的结果告诉排序器。

排序器接受速度控制器传来的 ETA 和 STA 的上下界,综合考虑飞机的总延时、管制员的操作压力、飞机间的公平性和随机干扰因素等,为每架飞机分配 STA。排序器是工作模块的主要部件,可以用各种算法实现。例如,FCFS 算法、动态规划算法、神经网络算法等。根据采用的排序算法不同,共设计了三种排序器:先到先服务算法排序器,动态规划算法排序器,人工智能算法排序器。这些排序器实现共同的排序器接口。排序器接口函数根据每一架飞机的 ETA 和 STA 的上下界,来输出每一架飞机的 STA 和分配的下降跑道。函数的参数是一列三元组,每一个三元组包括飞机、飞机的 ETA 和 STA 所在区间。返回也是一列三元组,每一个三元组包括飞机,飞机的 STA 和飞机的着陆跑道。此排序器排序后的结果需要考虑最小时间间隔的约束。

速度控制器的主要功能有两项:①根据飞机的性能和终端区各节点的速度限制给出飞机的 ETA 以及 STA 的上下界;②根据排序器输入的飞机 STA 来给出飞机的速度控制命令。

评估部件接受排序器分配的飞机 STA,速度控制器给定的 ETA 以及航班的重要程度来计算出飞机的总延误损失和跑道吞吐量以及其他相关评价参数。例如,滚动结果中飞机的 STA 是否频繁的改变,飞行员的操作压力的大小等。

4. 输出模块

系统的输出模块从工作模块接收飞机的基本信息与排序结果,将其显示在终端,并为管制员提供交互式的终端界面,允许管制员对进港飞机进行管制操作。如图 6.7 所示。整个显示界面分为左、右两块。左面部分为排序结果输出界面,主要显示为每架飞机分配的着陆时间和着陆跑道信息,右面部分为显示终端区结构、飞机的详细状态信息以及管制员交互操作界面。

图 6.7 左边的界面是飞机经进港排序的一系列航班,中间轴是纵向的时间刻度轴,底部显示的"9:47"是当前时间。随着时间的移动,时间刻度轴也相应的向下移动。两边的条块显示航班号和机型,航班条在时间轴上指向的位置是排序系统为航班分配的着陆时间,和着陆跑道,左边代表左跑道,右边代表右跑道。航班条的边框颜色可代表不同的飞机型号,如红色代表 VIP 飞机,黄色代表重型飞机,蓝色代表中型飞机,绿色代表小型飞机。

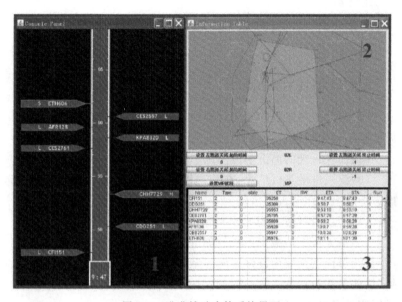

图 6.7　进港辅助决策系统界面

图 6.7 右边的界面是详细信息输出与交互接口界面,包括终端区简图、参数设置按钮以及终端区的飞机状态列表。终端区简图为重庆机场终端区示意图,参数设置按钮包括跑道关闭时间设置按钮、VIP 飞机设置按钮,飞机信息列表显示了终端区飞机的基本信息,包括飞机航班号,机型,着陆跑道,ETA 等。

需要关闭左跑道时,可以通过按钮"设置左跑道关闭起始时间"与"设置左跑道关闭终止时间"按钮,设置左跑道关闭的起始时间 t 与终止时间 s。当 $t>s$ 时,左跑道不关闭。

用户可以通过在界面进行操作设置航班的优先级。需要设置 VIP 飞机时,可以通过按钮"设置 VIP 航班"输入 VIP 航班号实现,也可以在飞机列表中选取该航班,右键点击设置或取消该飞机为 VIP 航班。另外,用户还可以沿着时间轴对航班条进行拖动,来指定航班的 STA,航班可拖动的范围由 STA 的范围决定。

6.4 离港辅助决策系统

6.4.1 系统主要功能

(1)实时地对航班的起飞时刻和推出时刻进行优化,并在用户界面上显示优化结果。

(2)提供合理的离港滑行规则。

(3)读入进港飞机信息,在为离港航班分配起飞时隙时,实时考虑进港航班的跑道占用情况。

(4)实现滑行道上的无冲突滑行。

(5)最大程度地减少停机位等待时间和跑道口等待时间。

(6)可以在系统中设定不同的系统参数,从而取得不同的排序效果,这些参数包括起飞最小时间间隔、各个方向出场口的流量限制、滑行交叉点最小时间间隔。

(7)管制员可以利用鼠标和键盘,对排序结果进行调整,系统在进行下一轮计算时考虑该调整建议。可调整的信息包括:航班的优先级、航班的起飞时刻等。

6.4.2 系统流程

离港飞机准备好以及有新飞机降落时,其数据通过 UDP 协议发送到离港排序辅助决策系统,辅助决策系统接收到 UDP 数据包后,解析读取包内信息,生成所有飞机的状态结构,对跑道及滑行道的占用时间进行计算,然后根据起飞序列、进港航班和场面实际情况给出相应的推出顺序以及各飞机使用的滑行道。离港排序辅助决策系统流程图如图 6.8 所示。

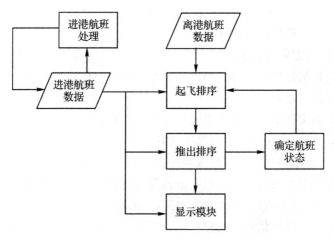

图 6.8　离港排序辅助决策系统流程图

图 6.8 中各主要模块功能如下。

（1）离港航班数据。存储离港航班的数据，包括航班号，机型，优先级系数，准备好时间，预计推出时间，停机位，滑行路径，起飞跑道。

（2）进港航班数据。这是一个临时表，存储的数据为进港航班数据。

（3）进港航班处理。

1）在仿真模拟时，对航班的预计着陆时间进行处理，产生新的预计降落时间。新的预计降落时刻服从以原有预计降落时刻为均值的正态分布。在实际联合调试中，通过网络端口接收实际进港飞机的降落时间作为预计降落时间。

2）根据预计降落时间和滑行路径来计算滑行信息。

3）根据这一时刻的预计降落时间和滑行信息来判断下一时刻的着陆状态变量和滑行状态变量。

（4）起飞排序。根据飞机的准备好时间和预计推出时间对飞机进行排序，排序时要满足空域流量控制限制。同时，根据降落飞机的预计着陆时间确定用于起飞的跑道时隙，给每架飞机分配起飞时刻。

(5)推出排序。根据起飞时刻确定飞机到达跑道口的时刻,根据飞机到达跑道口的时刻计算推出时刻。

(6)确定航班状态。

1)根据计划推出时间和滑行路径确定滑行信息(经过的滑行点及相应的经过时刻)

2)确定在下一个排序周期到达之前航班是否已经推出或者已经起飞,确定推出状态变量和起飞状态。

(7)显示模块。仿真调试界面显示的信息包括:

1)离港航班信息。它包括航班号,停机位,计划推出时间,计划起飞时间,起飞跑道,实际推出时间,实际起飞时间等。

2)进港航班信息。它包括航班号,机型,预计到达时间,着陆跑道等。

6.4.3 系统程序总体设计

系统的总体结构如图 6.9 所示。

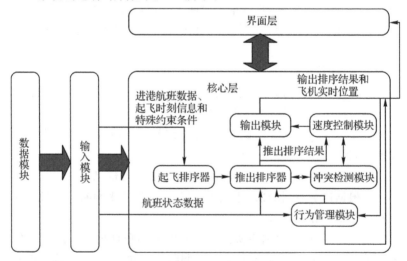

图 6.9 离港排序辅助决策系统总体结构图

从图 6.9 中可以看出,总体上讲,系统可分成输入、起飞排序、推出排序、冲突检测、速度控制、行为管理和输出等 7 个模块。此处将数据模块并入输入模块,并人工添加随机产生的三个方面的扰动,在实际应用中由实际应用场景的数据模块代替。下述依次介绍 7 个模块的主要功能和作用。

1. 输入模块

输入模块的主要功能是读入进港航班数据、离港航班起飞时间、状态和速度数据,以及要求的特殊约束。进港航班数据包括进港航班的机型,进港时间,速度等信息;离港航班起飞时间是离港航班的计划起飞时间,航班状态包括未准备好、准备就绪等,速度是指飞机在滑行道匀速滑行的速度;要求的特殊约束条件可以要求排序结果满足特定的要求,例如,某架航班必须提前起飞等。

输入模块还需要负责在系统运行前初始化机场模型的信息,供推出排序器中的冲突检测模块使用。机场模型信息主要包括跑道、滑行道和停机位位置,以及它们之间的拓扑结构。这些机场模型信息存储在文件里,也由输入模块在程序启动时读入。

系统运行前的初始化包括读入配置文件中确定的重庆机场场面模型信息,以及由民航大数据库中读出的每日航班计划信息。运行过程中,程序通过端口监听的方式接收进离港飞机信息并与机场系统时钟保持同步。

2. 起飞排序模块

起飞排序器的主要功能是计算最优的起飞排序结果。它需要读入进港航班数据,离港航班的起飞时刻信息以及特殊的约束条件。

进港航班数据通过跑道计算模块的计算,得出跑道可用时间槽。即,跑道在什么时间段内是可用的。然后将这个可用时间槽的结果和起飞时刻信息以及特殊的约束条件共同交给起飞排序模块来计算起飞排序的结果。起飞排序器不需要考虑飞机场滑行道的情况,只需要告诉推出排序器起飞排序的结果。然后推出排序器再以起飞排序结果为目标计算推出排序计划。

3.推出排序模块

推出排序模块的主要功能是根据起飞排序器的排序结果,计算出飞机推出停机位的顺序以及每架飞机的滑行路径。它需要在计算前读入机场模型数据,计算时读入航班状态数据和航班滑行速度数据。

首先,推出排序模块根据航班的状态数据和滑行速度数据,以及起飞排序结果计算出最优的中间推出排序结果。然后将此结果交给冲突检测模块。冲突检测模块再根据机场的模型数据检测此推出排序结果是否会产生冲突。如果产生冲突,则返回推出排序模块,并反馈给推出排序模块必要的信息;推出排序模块再计算出另一个结果,再交给冲突检测模块检测。最终直到一个最优的而且没有冲突的排序结果产生为止。最后,将推出排序的结果交给输出模块输出。

4.冲突检测模块

冲突检测模块负责检测某个飞机在某个时间推出,是否会在其通往起飞起点的路途中,或穿越跑道时,以及从起飞点到空域出口点的时间间隔是否会发生冲突。在路途中的冲突被定义为与其他某架飞机通过同一个交叉点的时间间隔小于某个安全阈值;在空域出口点的冲突定义为:同一出口点、不同高度的任意两架飞机的时间间隔小于某个特定的阈值,或者同一出口点、相同高度的任意两架飞机的时间间隔小于某个特定的阈值;穿越跑道时的冲突被定义为:飞机穿越跑道时是否有飞机正在起飞或降落。

冲突检测模块需要读入的数据包括机场模型数据以及空域限制相关的数据,而它的输出是某个推出计划是否会产生冲突,以及给推出排序模块的反馈。

5.速度控制模块

离港排序系统的速度控制模块相对进港排序系统的较为简单。因为在实际情景中,飞机在滑行道上的速度是不变的,即速度控制模块给出的速度控制命令只有前进和静止两种(速度是初始化时读入的某个特定值)。

每个运行周期速度控制模块必须给每架飞机相应的速度控制命令,命令的依据是飞机的起飞计划以及滑行道是否存在冲突等。

6. 行为管理模块

行为管理模块主要负责维护所有飞机的状态信息以及实现状态转换。其中,飞机被分为进港飞机和离港飞机两大类,两类飞机的状态转换过程如图 6.10 所示。

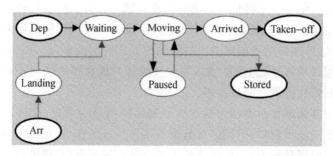

图 6.10　进离港飞机的状态转换过程

图 6.10 中每个状态的含义如下。

(1)Dep。离港飞机的初始状态。

(2)Arr。进港飞机的初始状态。

(3)Landing。进港飞机进入机场的某个阈值范围后进入此状态,表示飞机即将着陆。

(4)Waiting。进港飞机已经降落,等待进入停机坪,或者离港飞机在停机坪上准备好推出。

(5)Moving。进港或离港飞机在滑行道上滑行。

(6)Paused。进港或离港飞机在滑行道上遇到冲突,暂时停止滑行,等待前面飞机过去再回到滑行状态。

(7)Arrived。离港飞机到达起飞点的缓冲区,准备好起飞。

(8)Taken—off。离港飞机已经起飞。

(9)Stored。进港飞机进入停机坪。

7.输出模块

输出模块主要负责实时地将推出排序结果、飞机位置和评估结果等以可视化的方法表达出来。调试系统时,可以将结果都打印到终端。仿真时,飞机的推出排序结果和评估参数以列表的形式打印,而飞机的位置和速度可以通过图像形象的表达出来。另外,已经降落和已经起飞的飞机列表也会在界面右侧滚动地显示出来。

输出模块除了将结果输出至仿真调试界面外,还通过 SOCKET端口发送至客户端的用户使用界面,并采用更符合管制员习惯的方式输出:待推出的飞机序列以时间轴的形式展示出来,而当前准备中的离港飞机,进港跑道穿越前等待飞机等其他状态的飞机序列则在屏幕右侧列出供管制员参考。

仿真调试显示界面包括地面管制席界面显示窗口、未许可航班放飞序列显示窗口、得到许可航班放飞序列显示窗口、跑道口等待航班放飞序列显示窗口、已起飞航班放飞序列显示窗口、进港航班信息显示窗口以及状态条等 7 部分内容,如图 6.11 所示。

图 6.11 中各主要模块的功能如下。

(1)地面管制席界面显示窗口。图 6.11 的左侧显示窗口(Button)为地面管制席位,主要显示航班的计划推出时间序列信息,包括航班号,机型,尾流,停机位。

(2)放行席界面显示窗口。图 6.11 的右侧 1～4 显示窗口(Button)为放行席位,分别显示未许可航班放飞序列、得到许可航班放飞序列、跑道口等待航班放飞序列、已起飞航班放飞序列等 4 部分显示内容:

1)未许可起飞。它表示航班已经准备好,并参与了起飞排序,且未开始滑行的航班,该列各项显示信息包括航班号,机型、尾流、计划推出时间和预计起飞时间。

2)许可起飞。它表示已经推出航班分配好的起飞时间序列。该列各项显示信息包括航班号,机型、尾流和实际推出时间、预计起飞时间。

3）跑道口等待。它表示在跑道口等待的航班信息显示，该列各项显示信息包括航班号、机型、尾流和预计起飞时间。离港飞机到达起飞点的缓冲区，准备好起飞。

4）已起飞。它表示跑道滑行完毕并起飞的航班信息，该列各显示信息包括：航班号、机型、尾流、实际起飞时间。新起飞航班显示在最上栏。

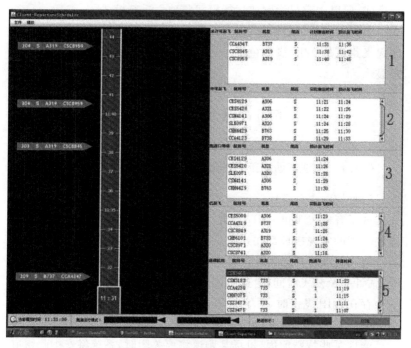

图 6.11 离港辅助决策系统界面

（3）进港航班信息显示窗口。图 6.11 右侧 5 显示窗口为进港航班信息显示界面，主要显示已经降落的航班。显示容量为 20 架航班，新降落航班显示在最上栏，当超出容量时，撤销较早时间显示的航班。该列各项显示信息包括航班号、机型、尾流、跑道号和降落时间。

(4)状态条。图6.11下侧为状态条,主要显示当前模拟时间、跑道运行模式、跑道标识等3部分内容:

1)当前模拟时间。以模拟机时间为基准实时动态显示当前时刻时间,精确到秒。

2)跑道运行模式。由于仿真机场离港过程采用了双跑道独立运行模式,所以固定显示跑道运行模式是独立运行模式。

3)跑道标示。可用颜色标示航班使用的跑道,如蓝色标示占有的起飞跑道是02L,浅蓝色标示占有的起飞跑道是02R。该窗口固定显示。

6.5 演示验证实验

6.5.1 进港辅助决策系统演示验证实验

进港辅助决策系统演示验证实验除了实现正常的排序功能外,还实现了有复飞飞机、VIP飞机、某一时段单跑道关闭等排序功能,这些功能的实现接口都在系统显示界面上。

有飞机因特殊原因无法降落而需要复飞时,系统将根据复飞路径,估计一个复飞时间,由此给该飞机排序。

存在VIP飞机时,系统将尽可能地安排该飞机准点降落,并使该飞机与其他飞机的间隔保证在一个较大值以上。

当因某些特殊原因,机场某跑道将要关闭时,系统将安排此跑道上降落的飞机至另一跑道降落,并给出一个较好的降落安排。

图6.12为进港辅助决策系统演示验证实验场景。

图 6.12　进港辅助决策系统演示验证实验场景

1. 正常降落实验

实验场景设置如下:机场为重庆江北机场,共有 18 架飞机降落,其中重型机 5 架,中型机 12 架,轻型机 1 架。18 架飞机不均匀地分散在 20~30 min 内进入终端区,所有飞机均为正常降落情况。具体实验数据见表 6.2。

表 6.2　正常降落实验数据

序 号	航 班	ETA	STA	延误/ s	序 号	航 班	ETA	STA	延误/ s
1	CHH7736	8:21:38	8:22:03	25	10	MAS6166	8:38:53	8:44:22	329
2	CES2105	8:23:13	8:30:21	428	11	MDA268	8:41:15	8:43:50	155
3	CCA1867	8:24:04	8:23:50	−14	12	CSN3235	8:41:18	8:51:34	616
4	CCES2101	8:24:20	8:29:00	280	13	SAS995	8:41:22	8:56:48	926
5	CCA1251	8:27:06	8:28:03	57	14	CCA4231	8:41:49	8:48:24	395
6	CES2453	8:29:30	8:33:08	218	15	QTR216	8:43:19	8:45:56	157
7	CHH7730	8:30:10	8:39:42	572	16	CES5771	8:44:01	8:53:07	546
8	CDG4089	8:33:18	8:39:59	401	17	CCA1421	8:54:07	8:50:46	−201
9	HSP119	8:33:52	8:42:28	516	18	CES5323	9:03:20	9:04:05	45

2. 存在飞机复飞实验

实验场景设置如下:机场为重庆江北机场,共有 18 架飞机降落,其中重型机 5 架,中型机 12 架,轻型机 1 架。18 架飞机不均匀地分散在 20～30 min 内进入终端区,存在飞机复飞。具体实验数据见表 6.3。

表 6.3　存在飞机复飞实验数据(复飞航班:CES3121)

序号	航班	ETA	STA	延误/ s	序号	航班	ETA	STA	延误/ s
1	CES2455	9:20:46	9:19:22	-84	10	CSN6411	9:40:14	9:57:07	1 013
2	CES3121	9:24:26	9:38:18	832	11	CDG1175	9:41:33	10:10:07	1 714
3	CCA1423	9:25:06	9:30:05	299	12	CHH7337	9:43:30	9:47:05	215
4	PIA751	9:27:20	9:33:13	353	13	CCA173	9:44:32	10:06:33	1 321
5	CCA1586	9:30:02	9:41:32	690	14	KPA8316	9:45:06	9:53:23	497
6	CCA1235	9:34:38	9:36:52	134	15	CDG4079	9:45:10	9:48:39	209
7	CCA1251	9:35:02	9:43:43	521	16	CHH7151	9:47:48	10:12:22	1 474
8	CSN6286	9:35:16	9:48:33	797	17	CQN2319	9:50:36	10:03:33	777
9	CES5327	9:39:24	9:57:00	1 056	18	CES2154	10:02:25	10:13:21	656

3. 带 VIP 飞机实验

实验场景设置如下:机场为重庆江北机场,共有 18 架飞机降落,其中重型机 5 架,中型机 12 架,轻型机 1 架。18 架飞机不均匀地分散在 20～30 min 内进入终端区,降落飞机中存在 VIP 飞机。具体实验数据见表 6.4。

表 6.4　带 VIP 飞机实验数据(VIP 航班:CSC8973)

序号	航班	ETA	STA	延误/ s	序号	航班	ETA	STA	延误/ s
1	CSC8869	9:23:54	9:21:16	-158	10	CES2762	9:41:24	9:45:04	220
2	CRK507	9:24:08	9:25:35	87	11	CES2213	9:42:12	9:39:02	-190
3	CES2153	9:24:29	9:23:23	-66	12	CES2761	9:43:02	9:53:36	634
4	CDG251	9:27:06	9:50:08	1 382	13	CHH7729	9:43:08	9:51:51	523
5	CES5161	9:27:07	9:34:54	467	14	CFI151	9:45:40	9:48:07	147
6	CSC8973	9:28:22	9:28:55	33	15	AFR128	9:46:08	9:55:31	563
7	CSZ3476	9:30:11	9:33:20	189	16	CES2557	9:55:24	10:06:21	657
8	CCA4129	9:37:35	9:32:22	-313	17	KPA8320	9:50:27	9:59:17	530
9	THY20	9:39:44	9:41:03	79	18	ETH606	9:55:44	10:08:22	758

4.运行中单跑道关闭实验

实验场景设置如下:机场为重庆江北机场,共有 18 架飞机降落,其中重型机 5 架,中型机 12 架,轻型机 1 架。18 架飞机不均匀地分散在 20~30 min 内进入终端区,所有飞机均正常降落,但机场在第 40 min 关闭一条跑道。具体实验数据见表 6.5。

表 6.5　运行中单跑道关闭实验数据

序号	航班	ETA	STA	延误/ s	序号	航班	ETA	STA	延误/ s
1	ACF156	9:23:52	9:24:30	38	10	CSN3152	9:33:34	10:00:12	1 598
2	CHH7267	9:24:28	9:28:33	245	11	OKA2822	9:39:26	9:39:52	26
3	THA609	9:27:00	9:31:00	240	12	CSN6554	9:41:06	9:51:45	639
4	CCA1225	9:27:19	9:27:22	3	13	CES5323	9:41:52	9:58:04	972
5	CES4408	9:30:05	9:32:46	161	14	PIA856	9:42:04	9:42:54	50
6	CES2216	9:30:59	9:55:21	1 462	15	CHH7151	9:43:41	9:38:41	−300
7	KOR155	9:31:04	9:44:31	807	16	HXA2633	9:44:22	10:06:25	1 323
8	CES2505	9:32:58	9:46:09	791	17	CDG4734	9:44:32	9:50:32	360
9	CDG4914	9:33:26	9:56:20	1 374	18	CDG4856	9:46:28	10:03:38	1 030

分析表 6.2,表 6.3,表 6.4 和表 6.5,可以得出以下结论:

(1)所开发进港辅助决策系统针对四种不同进港情况均能顺利运行,并给出较为合理的进港排序及调度建议。

(2)总体上看,较早开始降落的飞机延误较小,后进入终端区的飞机延误较大,其主要原因为前面进入的飞机空域相对不紧张,大多可以靠近 ETA 降落,而后面进入的飞机由于空域较为紧张需要等待,故延误较大。这也说明在流量较大时,延误具有累积效应。

(3)同一时段进入飞机较多时,延误明显增大,这也是因为需要等待时间较长造成的。

(4)将飞机降落提前时间等效为相同的延误时间,则正常降落情况总的延误为 5 881 s,带 VIP 飞机情况总的延误为 5 996 s,运行中单跑道关闭情况总的延误为 1 1419 s,存在飞机复飞情况总的延误为 12 642 s。所以总体上正常降落情况的延误最小,其他情况的总延误相比正常降落均有所增大,说明在终端区较为繁忙时一旦出现特殊情况(如复飞,有 VIP 飞机等),飞机延误将明显增大。

(5)存在有少量飞机提前进港情况,这是符合实际情况的。

6.5.2 离港辅助决策系统演示验证实验

离港辅助决策系统演示验证实验除了实现正常的离港排序功能外,还实现了运行过程中部分滑行道出现故障情况下的离港排序以及停机位较少情况下的离港排序。

当因某些特殊原因,机场某段滑行道将要关闭时,系统将安排经过此滑行道上滑行的飞机改变滑行路线,并对整个系统给出一个新的离港计划序列及相应的滑行路线。

对于停机位较少情况下的离港排序,系统将在减少飞机等待时间和延误时间的基础上尽可能减少飞机滑行过程中的交叉,以保证滑行安全。图 6.13 为离港辅助决策系统演示验证实验场景。

图 6.13 离港辅助决策系统演示验证实验场景

1.正常进离港实验

实验场景设置如下:机场为重庆江北机场,共有 25 架飞机起飞,15 架飞机降落。40 架飞机不均匀地分散在 50 min 内准备好推出或进入终端区,所有飞机均为正常起飞或正常降落情况,其中西跑道主要用于起飞,东跑道主要用于降落。离港与进港飞机航班信息及具体实验数据见表 6.6 和表 6.7。

表 6.6　正常进离港实验离港航班数据

序　号	航班号	停机位	航班计划推出时间	航班实际推出时间	航班推出延误/s	航班计划起飞时间	航班实际起飞时间	航班起飞延误/s
1	CSC8781	101	11:02:11	11:02:10	−1	11:05:00	11:08:24	204
2	CSC8783	103	11:01:10	11:01:29	19	11:10:00	11:05:44	−256
3	CCA4141	203	11:04:18	11:04:08	−10	11:10:00	11:12:28	148
4	CCA4349	208	11:04:52	11:05:22	30	11:10:00	11:13:56	236
5	CSC8633	107	11:03:20	11:03:24	4	11:12:00	11:09:52	−128
6	CSC8935	104	11:00:04	11:00:23	19	11:20:00	11:04:16	−944
7	CHB6237	105	11:07:15	11:07:35	20	11:25:00	11:16:32	−508
8	CSC8741	106	11:08:15	11:08:05	−10	11:25:00	11:18:00	−420
9	CSC8971	108	11:09:00	11:09:28	28	11:25:00	11:20:36	−264
10	CHB6101	202	11:10:06	11:10:16	10	11:30:00	11:24:24	−336
11	CSC8849	109	11:11:16	11:11:29	13	11:30:00	11:25:52	−248
12	CCA4319	201	11:12:23	11:12:33	10	11:30:00	11:28:28	−92
13	SLK0971	204	11:24:37	11:24:34	−3	11:35:00	11:36:36	96
14	CCA4123	110	11:29:15	11:29:35	20	11:35:00	11:40:12	312
15	CCA4347	209	11:31:36	11:31:38	2	11:35:00	11:44:16	556
16	CES5000	205	11:20:00	11:19:56	−4	11:40:00	11:29:56	−604
17	CES4129	206	11:20:58	11:21:11	13	11:40:00	11:32:32	−448
18	CES5420	207	11:21:54	11:21:49	−5	11:40:00	11:34:00	−360
19	CSN4141	302	11:35:51	11:35:51	0	11:45:00	11:51:24	384
20	CHH4429	301	11:36:56	11:36:46	−10	11:45:00	11:54:24	564
21	CSC8845	303	11:30:14	11:30:32	18	11:50:00	11:41:40	−500
22	CSC8959	304	11:33:58	11:34:23	25	11:50:00	11:48:24	−96
23	CSC8973	305	11:44:35	11:44:54	19	11:55:00	11:57:12	132
24	CCA4343	306	11:48:22	11:48:23	1	11:55:00	11:58:40	220
25	CSC8829	307	11:51:51	11:51:48	−3	12:00:00	12:01:16	76

表 6.7　正常进离港实验进港航班数据

序　号	航班号	停机位	降落时间	入库时间	序号	航班号	停机位	降落时间	入库时间
1	CDG1229	417	11:02:56	11:08:00	9	CSN3475	518	11:35:16	11:39:04
2	CSZ9475	504	11:07:20	11:12:04	10	CHH7151	522	11:38:52	11:43:56
3	CSZ3473	418	11:11:04	11:16:16	11	CES5889	501	11:42:40	11:48:04
4	CHH7075	507	11:15:12	11:19:56	12	CES2261	516	11:47:08	11:50:40
5	CCA4238	513	11:19:24	11:22:48	13	CSC1199	520	11:50:04	11:54:12
6	CSN3183	509	11:23:08	11:27:56	14	CSN1212	521	11:52:56	11:56:56
7	CSN3465	511	11:27:04	11:32:04	15	CHH1250	523	11:55:56	12:00:52
8	CES5419	517	11:31:32	1136:08					

2.运行中部分滑行道关闭实验

实验场景设置如下:机场为重庆江北机场,共有 25 架飞机起飞,15 架飞机降落。40 架飞机不均匀地分散在 50 min 内准备好推出或进入终端区,在 30 min 后部分滑行道关闭,其中西跑道主要用于起飞,东跑道主要用于降落。离港与进港飞机航班信息及具体实验数据见表 6.8 和表 6.9。

表 6.8　运行中部分滑行道关闭实验离港航班数据

序　号	航班号	停机位	航班计划推出时间	航班实际推出时间	航班推出延误/s	航班计划起飞时间	航班实际起飞时间	航班起飞延误/s
1	CSC8781	101	11:02:11	11:02:11	0	11:05:00	11:08:24	204
2	CSC8783	103	11:01:10	11:01:21	11	11:10:00	11:05:44	−256
3	CCA4141	203	11:04:18	11:04:35	17	11:10:00	11:12:28	148
4	CCA4349	208	11:04:52	11:04:44	−8	11:10:00	11:13:56	236
5	CSC8633	107	11:03:20	11:03:44	24	11:12:00	11:09:52	−128
6	CSC8935	104	11:00:04	11:00:26	22	11:20:00	11:04:16	−944
7	CHB6237	105	11:07:15	11:07:25	10	11:25:00	11:16:32	−508
8	CSC8741	106	11:08:15	11:08:28	13	11:25:00	11:18:00	−420

续　表

序 号	航班号	停机位	航班计划推出时间	航班实际推出时间	航班推出延误/s	航班计划起飞时间	航班实际起飞时间	航班起飞延误/s
9	CSC8971	108	11:09:00	11:08:50	−10	11:25:00	11:20:36	−264
10	CHB6101	202	11:10:06	11:10:07	1	11:30:00	11:24:24	−336
11	CSC8849	109	11:11:16	11:11:07	−9	11:30:00	11:25:52	−248
12	CCA4319	201	11:12:23	11:12:53	30	11:30:00	11:28:28	−92
13	CCA4123	110	11:15:00	11:15:06	6	11:35:00	11:29:56	−304
14	SLK0971	204	11:24:37	11:24:56	19	11:35:00	11:40:12	312
15	CCA4347	209	11:43:45	11:44:14	29	11:35:00	11:58:40	1420
16	CES5000	205	11:20:00	11:19:53	−7	11:40:00	11:32:32	−448
17	CES4129	206	11:20:58	11:20:49	−9	11:40:00	11:34:00	−360
18	CES5420	207	11:21:54	11:22:14	20	11:40:00	11:36:36	−204
19	CSN4141	302	11:31:51	11:32:08	17	11:45:00	11:44:16	−44
20	CHH4429	301	11:35:46	11:35:41	−5	11:45:00	11:51:24	384
21	CSC8845	303	11:30:00	11:29:53	−7	11:50:00	11:41:40	−500
22	CSC8959	304	11:33:58	11:34:28	30	11:50:00	11:48:24	−96
23	CSC8973	305	11:40:13	11:40:21	8	11:55:00	11:54:24	−36
24	CCA4343	306	11:41:20	11:41:42	22	11:55:00	11:57:12	132
25	CSC8829	307	11:45:02	11:45:32	30	12:00:00	12:01:16	76

表 6.9　运行中部分滑行道关闭实验进港航班数据

序号	航班号	停机位	降落时间	入库时间	序号	航班号	停机位	降落时间	入库时间
1	CDG1229	417	11:02:52	11:08:00	9	CSN3475	518	11:35:04	11:39:04
2	CSZ9475	504	11:07:20	11:12:04	10	CHH7151	522	11:38:44	11:43:56
3	CSZ3473	418	11:11:12	11:16:16	11	CES5889	501	11:42:48	11:48:04
4	CHH7075	507	11:15:12	11:19:56	12	CES2261	516	11:47:08	11:50:40
5	CCA4238	513	11:19:16	11:22:48	13	CSC1199	520	11:50:04	11:54:12
6	CSN3183	509	11:23:04	11:27:56	14	CSN1212	521	11:52:52	11:56:56
7	CSN3465	511	11:27:16	11:32:04	15	CHH1250	523	11:55:48	12:00:52
8	CES5419	517	11:31:12	11:36:08					

3.部分停机位不可用实验

实验场景设置如下：机场为重庆江北机场，共有 25 架飞机起飞，15 架飞机降落。40 架飞机不均匀地分散在 50 min 内准备好推出或进入终端区，所有飞机均为正常起飞或正常降落情况，但停机位比实验一少一半，其中西跑道主要用于起飞，东跑道主要用于降落。离港与进港飞机航班信息及具体实验数据见表 6.10 和表 6.11。

表 6.10　部分停机位不可用实验离港航班数据

序号	航班号	停机位	航班计划推出时间	航班实际推出时间	航班推出延误/s	航班计划起飞时间	航班实际起飞时间	航班起飞延误/s
1	CSC8781	207	11:03:47	11:03:43	−4	11:05:00	11:12:24	444
2	CCA4349	104	11:00:04	11:00:15	11	11:10:00	11:04:16	−344
3	CCA4141	203	11:00:47	11:00:42	−5	11:10:00	11:05:44	−256
4	CSC8783	202	11:01:52	11:02:04	12	11:10:00	11:08:20	−100
5	CSC8633	110	11:02:57	11:03:11	14	11:12:00	11:09:48	−132
6	CSC8935	305	11:04:28	11:04:37	9	11:20:00	11:16:24	−216
7	CSC8971	103	11:07:02	11:07:17	15	11:25:00	11:17:52	−428
8	CSC8741	208	11:07:13	11:07:30	17	11:25:00	11:20:28	−272
9	CHB6237	209	11:08:19	11:08:46	27	11:25:00	11:24:12	−48
10	CHB6101	201	11:10:01	11:10:31	30	11:30:00	11:25:40	−260
11	CCA4319	301	11:10:41	11:10:44	3	11:30:00	11:28:24	−96
12	CSC8849	306	11:11:28	11:11:25	−3	11:30:00	11:29:52	−8
13	SLK0971	101	11:24:40	11:24:56	16	11:35:00	11:44:28	556
14	CCA4347	204	11:29:43	11:29:49	6	11:35:00	11:45:44	644
15	CCA4123	109	11:32:20	11:32:17	−3	11:35:00	11:49:52	892
16	CES5000	105	11:20:00	11:20:00	0	11:40:00	11:36:24	−216
17	CES4129	107	11:20:47	11:21:04	17	11:40:00	11:40:12	12
18	CES5420	205	11:21:41	11:21:45	4	11:40:00	11:41:40	100
19	CSN4141	102	11:35:04	11:34:56	−8	11:45:00	11:52:28	448
20	CHH4429	307	11:36:51	11:36:49	−2	11:45:00	11:56:32	692

续　表

序 号	航班号	停机位	航班计划推出时间	航班实际推出时间	航班推出延误/s	航班计划起飞时间	航班实际起飞时间	航班起飞延误/s
21	CSC8845	206	11:30:26	11:30:25	-1	11:50:00	11:48:24	-96
22	CSC8959	304	11:35:07	11:35:26	19	11:50:00	11:53:56	236
23	CCA4343	106	11:44:52	11:44:59	7	11:55:00	11:58:00	180
24	CSC8973	303	11:45:13	11:45:26	13	11:55:00	12:00:36	336
25	CSC8829	108	11:49:26	11:49:39	13	12:00:00	12:02:04	124

表 6.11　部分停机位不可用实验进港航班数据

序号	航班号	停机位	降落时间	入库时间	序号	航班号	停机位	降落时间	入库时间
1	CDG1299	401	11:02:52	11:08:36	9	CSC1199	203	11:35:08	11:41:08
2	CES5889	402	11:06:24	11:15:12	10	CHH7151	209	11:38:52	11:45:00
3	CSZ9475	404	11:11:16	11:16:12	11	CHH1250	103	11:42:44	11:49:52
4	CSZ3473	207	11:15:12	11:21:04	12	CSN3183	306	11:47:08	11:52:40
5	CHH7075	202	11:19:08	11:24:32	13	CSN3465	301	11:51:32	11:57:08
6	CSN1212	305	11:22:04	11:28:28	14	CCA4238	201	11:55:16	12:01:48
7	CSN3475	110	11:27:20	11:35:24	15	CES5419	109	11:59:04	12:05:48
8	CES2261	104	11:32:12	11:40:28					

分析表 6.6～表 6.11,可以得出以下结论。

(1)所开发离港辅助决策系统针对三种不同离港情况均能顺利运行,并给出较为合理的离港排序及调度建议。

(2)由于离港排序算法按最早可能起飞时间的方式确定飞机的起飞计划,有较多飞机起飞时间有所提前。

(3)受降落航班影响,先准备好离港航班和后准备好离港航班的起飞延误没有明显差异,这与进港辅助决策系统演示验证实验明显不同。

(4)将飞机起飞提前时间等效为相同的延误时间,则正常进离港实验中总的延误为 8 132 s,运行中部分滑行道关闭实验中总的延误为 8 100 s,部分停机位不可用实验中总的延误为 7 136 s。考虑管制员操作带入的主观因素,可以认为三种情况总的起飞延误基本相同。

(5)将进港飞机从降落时间到入库时间作为进港飞机的滑行时间,则正常进离港实验中进港飞机的总滑行时间为 4 104 s,运行中部分滑行道关闭实验中进港飞机的总滑行时间为 4 144 s,部分停机位不可用实验中进港飞机的总滑行时间为 5 828 s。从中可以看出,由于停机位减少,进港飞机需要滑行的路径明显增加,所以总滑行时间变长。而部分滑行道关闭实验中设定关闭的滑行道位于停机坪至起飞跑道口之间,对进港飞机的滑行基本没有影响,故其进港飞机总的滑行时间没有增加。

6.6 本 章 小 结

本章主要结合前几章的研究工作,初步开发了进港辅助决策系统和离港辅助决策系统,并在中国民航大学空中交通管理研究基地进行了演示验证。实验中系统针对不同的实验案例都能流畅运行,并给出合理的管制建议,得到了空中交通管理研究基地以及相关空管专家的肯定。

为便于系统的维护和扩展,程序采用模块化结构,相应排序算法等都可以从系统中独立出来,方便以后的开发者实现自己的算法,同时实验背景也可换成其他机场,只需将江北机场模型换成其他相应机场即可。

另一方面,由于系统所考虑实际因素还不完善,如不同类型飞机权重因素,管制员指令下达后到具体执行的时间间隔以及管制员管制意图预测等,所以演示验证实验所用数据规模总体上小于前几章理论实验所用数据规模,同时演示验证实验所得结果也不如前几章理论实验优化效果明显,这需要系统进一步改进和提高。

附录 英文缩略语中文释义表

英文缩写	中文名称	英文名称
ACC	区域管制中心	Area Control Center
ACO	蚁群算法	Ant Colony Optimization
AMAN	进港管理	Arrival Manager
APP	进近管制	Approach Control
ATC	空中交通管制	Air Traffic Control
CDM	协同决策	Collaborative Decision Making
CPS	位置交换约束	Constrained Position Shift
CTAS	中央终端雷达进近管制自动系统	Central Tracon Automation System
DMAN	离港管理	Departure Manager
DP	动态规划	Dynamic Programming
EDA	分布估计算法	Estimation of Distribution Algorithm
ETA	预计降落时间	Estimated Time of Arrival
ETD	预计起飞时间	Estimated Time of Departure
FAA	美国联邦航空局	Federal Aviation Administration
FANS	未来航行系统	Future Air Navigation Systems
FCFS	先到先服务	First Come First Serve

FMS	飞行管理系统	Flight Management System
GA	遗传算法	Genetic Algorithm
HNN	Hopfield 神经网络	Hopfield Neural Network
IAF	起始进近点	Initial Approach Fix
ICAO	国际民航组织	International Civil Aviation Organization
ILS	仪表着陆系统	Instrument Landing System
MHNN	变异 Hopfield 神经网络	Mutation Hopfield Neural Network
MPS	最大位置偏移	Maximum Position Shift
NGATS	下一代航空运输系统	Next Generation Air Transportation System
PHNN	扰动 Hopfield 神经网络	Perturbation Hopfield Neural Network
SESAR	欧洲单一天空空管研究计划	Single European Sky ATM Research
STA	计划降落时间	Scheduled Time of Arrival
SVM	支持向量机	Support Vector Machine
TSP	旅行商问题	Traveling Salesman Problem
UDP	用户数据报协议	User Datagram Protocol

参 考 文 献

[1] 杨昌其. 空中交通安全管理[M]. 成都：西南交通大学出版社，2017.

[2] 朱金福，等. 航空运输规划[M]. 西安：西北工业大学出版社，2009.

[3] 张洪海. 空中交通流量协同管理[M]. 北京：科学出版社，2016.

[4] 潘贺. 单跑道机场非紧急状态下进离港航班调度问题研究[D]. 长春：吉林大学，2020.

[5] 王剑辉，朱晓波，夏正洪，等. 基于知识图谱的国内空中交通管理研究可视化分析[J]. 交通信息与安全. 2019，6：11－19.

[6] DEAR R G. The Dynamic Scheduling of Aircraft in the Near Terminal Area[R]. Cambridge，Mass：Flight Transportation Laboratory，Massachusetts Institute of Technology，1976.

[7] BEASLEY J E，KRISHNAMOORTHY M，SHARAIHA Y M，et al. Displacement Problem and Dynamically Scheduling Aircraft Landings[J]. Journal of Operational Research Society，2004，55：54－64.

[8] SMELTINK J W，SOOMER M J，WAAL P R. An Optimisation Model for Airport Taxi Scheduling，Elsevier Science，2004.

[9] HU L H，SUN F C，LIU H P，et al. Flight behavior recognizing in terminal area based on support vector machine. The 9th IEEE International Conference on Cognitive Informatics (ICCI 2010). Beijing，2010，pp：90－95.

[10]　廉冠. 基于滑行时间预测的飞机离港动态推出控制方法研究[D]. 哈尔滨：哈尔滨工业大学，2019.

[11]　秦静. 飞机进离港排序模型及算法研究[D]. 北京：北京航空航天大学，2008.

[12]　VAPNIK V N. The Nature of Statistical Learning Theory[M]，New York：Springer-Verlag，1995.

[13]　VAPNIK V N. 统计学习理论[M]. 许建华，张学工，译. 北京：电子工业出版社，2004.

[14]　张学工. 关于统计学习理论与支持向量机[J]. 自动化学报，2000，26(1)：32-42.

[15]　王霞，董永权，于巧，等. 结构化支持向量机研究综述[J]. 计算机工程与应用，2020，56(17)：24-32.

[16]　后斌，黎景良. 多类支撑向量机算法比较研究[J]. 武汉理工大学学报，2008，30(5)：673-677.

[17]　赵春晖，陈万海，郭春燕. 多类支持向量机方法的研究现状与分析[J]. 智能系统学报，2007，2(2)：11-17.

[18]　HOPFIELD J J. Neural Networks and Physical Systems with Emergent Collective Computational Abilities[C]. // Proceedings of the National Academy of Sciences of the United States of America，America，1982.

[19]　HOPFIELD J J，Tank D W. "Neural" Computation of Decisions in Opti-mization Problems [J]. Biological Cybernetics，1985，52(3)：141-152.

[20]　靳英燕. 关于我国民航空中交通管理系统体制改革问题的思考[D]. 西安：西北工业大学，2003.

[21]　赵胖胖. 容量不确定情况下航班进离场地面等待策略研究[D]. 天津：中国民航大学，2018.

[22]　王莉莉，王航臣. 突发事件下大规模空中交通流量管理的组合优化模型[J]. 航空学报，2019，08：228-240.

［23］ DAS I，DENNIS J. Normal‐boundary Intersection：A New Method for Generating the Pareto Surface in Nonlinear Multicriteria Optimization Problems［J］. SIAM Journal on Optimization，1998，8(3)：631‐687.

［24］ 王明光. 终端区空中流通流量管理［D］. 西安：西北工业大学，2002.

［25］ 葛柏君. 短期区域飞行流量预测问题研究［D］. 南京：南京航空航天大学，2008.

［26］ 王莉莉，史忠科，张兆宁. 机场着陆排序的一种滑动窗优化算法［J］. 中国民航学院学报，2004，22(6)：18‐21.

［27］ HU L H，SUN F C，XU H L，et al. Mutation Hopfield neural network and its applications［J］. Information ences，2011，181(1)：92‐105.

［28］ FAYE A. A quadratic time algorithm for computing the optimal landing times of a fixed sequence of planes［J］. European Journal of Operational Research，2018，270(3)：1148‐1157.

［29］ ZHAN Z H，ZHANG J，LI Y，et al. An Efficient ant Colony System Based on Receding Horizon Control for the Aircraft Arrival Sequencing and Scheduling Problem［J］. IEEE Transactions on Intelligent Transportation ystems，2010，11(2)：399‐412.

［30］ 张兆宁，刘珂璇. 基于跑道运行类别的航班优化排序方法［J］. 重庆交通大学学报(自然科学版)，2020，5：32‐37.

［31］ 张兆宁，王莉莉. 基于流量和滑动窗的空中交通管理动态排序算法［J］. 交通运输工程与信息学报，2004，3(2)：22‐25.

［32］ 由嘉. 基于神经网络技术的空中交通管制辅助决策支持系统［D］. 西安：西北工业大学，2005.

［33］ TAVAKKOLI M R，YAGHOUBI P M，RADMEHR F.

Scheduling the Sequence of Aircraft Landings for a Single Runway Using a Fuzzy Programming Approach[J]. Journal of Air Transport Management, 2012, 25: 15 – 18.

[34] JI X P, CAO X B, DU W B, et al. An evolutionary approach for dynamic single – runway arrival sequencing and scheduling problem[J]. Soft Computing, 2017, 21(23): 7021 – 7037.

[35] MOKHTARIMOUSAVI S, RAHAMI H, KAVEH A. Multi – Objective Mathematical Modeling of Aircraft Landing Problem on a Runway in Static mode, Scheduling and Sequence determination using NSGA – II[J]. Iran University of Science & Technology, 2015, 5(1): 21 – 36.

[36] VADLAMANI S, HOSSEINI S. A Novel Heuristic Approach for Solving Aircraft Landing Problem with Single Runway[J]. Journal of Air Transport Management, 2014, 40: 144 – 148.

[37] BENNELL J A, MESGARPOUR M, POTTS C N. Dynamic Scheduling of Aircraft Landings[J]. European Journal of Operational Research, 2017, 258(1): 315 – 327.

[38] NEUMAN F, ERZBERGER H. Analysis of Sequencing and Scheduling Methods for Arrival Traffic. NASA/TM – 102795, 1989.

[39] 魏静萱, 王宇平. 基于新模型的多目标 Memetic 算法及收敛分析[J]. 控制理论与应用, 2008, 25(3): 389 – 392.

[40] BALAKRISHNAN H. Scheduling Aircraft Landings under Constrained Position Shifting[C]. //AIAA Guidance, Navigation, and Control Conference and Exhibit, Keystone, Colorado, 2006: 1 – 21.

[41] 应圣钢, 孙富春, 胡来红, 等. 基于多目标动态规划的多跑道进

港排序[J].控制理论与应用,2010,27(07):827-835.

[42] HAMMOUR I, ABDELAZIZ I, et al. ISA: a Hybridization Between Iterated Local Search and Simulated Annealing for Multiple-runway Aircraft Landing Problem [J]. Neural Computing and pplications, 2019:1-21.

[43] 陈炜炜,耿睿,崔德光.进近区域到达航班排序和调度的优化[J].清华大学学报(自然科学版),2006,46(1):157-160.

[44] HOLLAND J H. Adaptation in Nature and Artificial Systems[M]. Michigan:The University of Michigan Press, 1975.

[45] CAPRI S, IGNACCOLO M. Genetic Algorithms for Solving the Aircraft-sequencing Problem:the Introduction of Departures into the Dynamic Model[J]. J Air Transport Management, 2004, 10(5):345-351.

[46] 姜松岳.繁忙机场航班推出时间优化方法研究[D].中国民航大学,2019.

[47] 曹嵩,孙富春,胡来红,等.基于分布估计算法的离港航班排序优化[J].清华大学学报(自然科学版),2012,52(01):66-71.

[48] LARRANGA P, LOZANO J A. Estimation of Distribution Algorithms:A New Tool for Evolutionary Computation [M]. Kluwer Academic Publishers, 2001.

[49] 任志刚,梁永胜,张爱民,等.基于一般二阶混合矩的高斯分布估计算法[J].自动化学报,2018,44(04):635-645.

[50] 周树德,孙增圻.分布估计算法综述[J].自动化学报,2007,33(2):113-124.